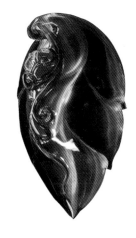

琥珀

鉴定与评估

珠宝玉石商贸教程系列丛书

APPRAISAL AND
ASSESSMENT OF AMBER

白子贵 赵博 编著

东华大学出版社

图书在版编目（CIP）数据

琥珀鉴定与评估 / 白子贵，赵博编著. —— 上海：
东华大学出版社，2014.6
ISBN 978-7-5669-0522-2

I.① 琥… II.①白… ②赵… III.①琥珀–鉴赏
IV.①TS933.23

中国版本图书馆CIP数据核字（2014）第102849号

珠宝玉石商贸教程系列丛书

琥珀鉴定与评估

编　　著：白子贵　　赵博
责任编辑：竺海娟
书籍设计：潘志远

出　　版：东华大学出版社
（上海延安西路1882号　邮编：200051　电话：021－62193056）
本社网址：http://www.dhupress.net
天猫旗舰店：http://dhdx.tmall.com
印　　刷：杭州富春电子印务有限公司
开　　本：710mm×1000mm　　1/16
印　　章：11.5
字　　数：300千字
版　　次：2014年6月第1版
印　　次：2014年6月第1次印刷
书　　号：ISBN 978-7-5669-0522-2/TS·491
定　　价：148.00元

前言

　　琥珀是一种迷人的有机宝石，它作为一种凝固历史的载体，将无数亿万年前的瞬间化作永恒，远古的空气、水滴、花草、动物在一刹那被定格其中，成为刻录历史的不灭印记。

　　琥珀是欧洲人的传统宝石，是欧洲文化的一部分。古代诗人史蒂芬逊有几句写实的散文诗："在风向转变的海洋中，商人寻求珍珠；在北极星照耀的大海上，他们寻找蜜蜡。"

　　琥珀在中国的历史文化中也占据着重要的地位。

　　同时，琥珀、蜜蜡也是古代丝绸之路通向中亚乃至欧洲的历史见证。中西方的古老文明在丝绸之路上交流融合，又以各自全新的姿态往返于它们开始的地方。琥珀不仅是一块美丽而高贵的宝石，更是一条通往远古世界的时光隧道，回望历史的一扇窗。它是"穿越时光的精灵"，既有远古的神秘，又散发出时尚的魅力。

　　琥珀之美美其光。古人说，"玉碗盛来琥珀光"。那是一种灵动的光，一种梦幻般的光彩，一种由内而外所发出的明亮、闪动、灵活的光芒。它飘忽不定，迷幻多姿。当你看到这种光时，仿佛进入了一个令人充满感动的灵性世界，满载自然的深情，滋润着你随心品玩的心田。

　　琥珀之美美其质。它不喧哗、不做作，不求华丽夺目，但求温润于心。它简单纯净，却自能透出如冰似玉的光彩。触摸它，轻柔温暖；凝视它，恬淡安详。它凝聚了千万载的时空能量，带着大自然沉睡的气息在我们手里重生，与我们做生命的接触，这种独特的心灵感受，也只有琥珀能够给予。会到无声处，方知太古情。

　　琥珀低调地去保存那份古老的记忆，让漫不经心、有意无意的我们在这里享受到了，如此这般，岁月静好。

　　琥珀之美美其蕴。不仅在其神秘与美丽，更在其气质与内涵，在它古朴、宁静、本色又诗意的空间里。或绚丽，或素净，或典雅，或清奇，宛转流动的线条韵律，带着生命的节奏，传递出安然含蓄的人文气质，引导着一种充满情趣的生活方式。

将多年珠宝经营的经验及珠宝教学的研究成果总结成一套适用于商业贸易的评估方法，是我们一直在做的努力。经过全国范围内大量学员的市场经营、市场实践，逐渐证明了其准确性和可操作性。这套独特的评估理念和方法也在与市场的交流中不断完善。

琥珀是根据其本身的美丽程度，如灵动的光感、纯粹的体色、温醇的质地、柔和的光泽、艺术性（包括自然和人类加工），以及它所能体现的东西方文化内涵来评定其价值的。琥珀的价值涉及美丽程度、耐久程度、稀少程度、文明表征、全世界共同的人文理念，以及公众对其收藏价值的认可。

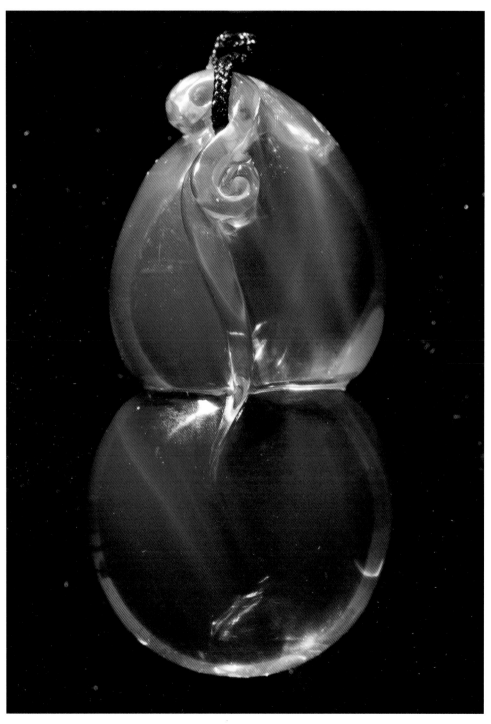

缅甸金蓝琥珀

缅甸棕红紫罗兰

目录

琥珀，英文名称 amber，来自于拉丁文 Ambrum，其含义是"精髓"。琥珀是一种由中生代白垩纪（距今约 1.37 亿年）至新生代第三纪松柏科或豆科植物的树脂，经地质作用而形成的有机混合物。 最古老的琥珀产自黎巴嫩，形成的时间距今大约 1.35 亿年，一般宝石级琥珀的形成距今 1500 万~4000 万年。

第一节　琥珀的历史文化

地质学研究表明，琥珀是松柏科或豆科树脂的化石。琥珀的形成一般分为三个阶段：

第一阶段：中生代白垩纪至新生代第三纪时期，地球上生长着许多松柏科或豆科植物，那时的气候温暖、潮湿，并且空气清洁，这些松柏树木含有大量的树脂并且分泌出来。

第二阶段：随着地壳的运动，有些原始森林被埋于地下的土中，有些原始森林的陆地慢慢地变成海洋或湖泊没入水下。这些树木连同树脂被深深地掩埋，经过几千万年以上的地层压力和地下热力等作用，树脂发生了石化作用，树脂的成分、结构和特征都发生了明显的变化。

第三阶段：随着地壳不断的升降运动，石化的树脂被冲刷、搬运到一定的地方沉积下来，并发生成岩作用而形成琥珀矿。琥珀形成以后，在悠悠漫长的岁月中，经历地壳升降、迁移、日晒、雨淋、冰川、山洪、水流冲击等作用，有的露出地表，有的被再次埋入地下。

露出地表的琥珀，有的被冲入湖中成为湖珀，有的被冲入海中成为海珀，还有的被再次埋入地下而成为矿珀。

在中国，从古到今琥珀有过多个名称，如虎魄、江珠、遗玉、顿牟、育沛、红松香和琥珀等。古有"虎死则精魄入地化为石，此物状似之，故谓之虎魄"。在中国古代，琥珀是宫廷贵族的玩物和佩戴的饰品。

琥珀不仅是一种珠宝，也是一味重要的中药。它具有镇静安神、化痰止咳、解毒利尿、活血化瘀的功效。琥珀还是古代妇女保持肌肤嫩滑的美容之药。

在欧洲，有琥珀是由泪水变成之说。古希腊人认为，太阳是由海中升起和落下的，当太阳沉入大海时脱落的太阳碎片凝固成了琥珀，称为"海之金"。俄罗斯流传，琥珀可以给婴儿带了好运，可以辟邪等。欧洲人视琥珀为吉祥之物，象征快乐和长寿，也是爱情天长地久的象征。

用琥珀制成的烟嘴和烟盒，认为能消毒。琥珀还拥有保持器官不腐化的功效，古埃及把琥珀作为防腐剂的一种，在法老的木乃伊中被发现。

德国、罗马尼亚把琥珀作为国石。

经过在大自然上千万年的蕴育而形成的琥珀，自古以来都是欧洲贵族佩戴的传统饰品，它是欧洲文化的一部分，犹如中国的玉石是中国古老文化的载体一样。在古代的欧洲，琥珀只有皇室成员才能拥有和佩戴，也是当时身份的象征。

琥珀有着一种不同寻常的温暖、高贵、典雅、含蓄的美感。

人说琥珀有以下之最：

(1) 琥珀是世界上唯一能将生物保存其中，历经千百万年依然完好如初的宝石。

(2) 琥珀是已知宝石种类中最轻盈的宝石。

(3) 琥珀是最古老的宝石。（琥珀不分国家、不分文化、不分地区，已流行 7000 年之久）

(4) 琥珀是色彩最丰富却又最中性的宝石。（琥珀是不分年龄、不分性别都能佩戴的一种宝石）

(5) 琥珀是任何宗教都信仰的宝石。（包括佛教、伊斯兰教、基督教等）

琥珀产地的情况，《腾越州志》记："虎魄生地中，其土及旁不生草，深者八九尺，大者如斛，削去外皮，中成琥珀，初如桃胶凝结成也"。"其形酷似茯苓"，志书把它与玉石列为一类并说："珀之有皮犹玉之璞云尔"。

琥珀的种类很多，《永昌府文征》上做过详细分类：红色并且透明晶莹的叫西珀；稍浑浊一点，上有浮光，呈微蓝色的叫粉皮；时间长了，失去光泽的，叫南珀。从颜色上又分了很多种类：纯黄而坚润者为蜡珀，又名石珀；红紫色起大胞横纹者为红松脂；浅黄多皱纹的叫蜜珀；水黄而细腻润滑的叫鹅油珀；红中透黄的叫明珀，又叫金珀；香气扑鼻的叫香珀；内有蜂、蚁等物或松枝、竹叶、水珠的叫物象珀；黑如纯漆而泛紫红色的叫壁珀；火红色的叫火珀；杏黄色的叫杏珀。此外，还有血珀、花珀等等，还有一种牛血珀，墨黑色，几如牛血凝结。琥珀以鲜红透明而无裂缝者为贵。一般以火珀、杏珀为上，血珀、金珀次之，蜡珀最下。有一种被当地人称为"珀根"的，志书上称："能引茶色，黑白花杂，间有明暗相搀，明处真同琥珀独有之深浅黄色"。琥珀根有黑有白，有雀脑，有老鸦翎等，色如行云流水，奇异斑斓，这种"珀根"初出现时，价值很贱，后被制作成朝珠争着上贡，价格便高昂起来，与玉一样。蜡珀以前只供药用，称药珀。它性平、味甘，用于化淤、利尿、镇惊安神，主治小便涩痛、尿血、惊悸、失眠等症，外敷可治疮疡。著名的琥珀惊风丸、猴枣散、珍珠抱龙丸等都离不开琥珀。

第二节 琥珀的基本特性

一、琥珀的名称

　　琥珀（Amber），意为"精髓"，它作为一种古老的宝石，形成于数亿年前，多蕴于沉积地层或煤系地层之中。在它的形成过程和形成之后的漫长岁月中，受到周围水土、有机物、无机物、阳光、地热及地下压力等环境因素的影响及作用，使琥珀的颜色、密度、硬度和韧性等发生了种种变化，从而产生绚丽的色彩，且富有生命的灵性和美好寓意，为世界各地人们所喜爱。琥珀自古以来就是吉祥如意的饰品。它的产地、色泽、纯净度、包裹体和加工工艺等因素决定了其经济价值和收藏价值。目前较受欢迎的琥珀制品：一是做工精湛的艺术品，尤其是有些年头的；二是天然品相好，以颜色浓正且杂质少者为佳，绿色和血红色最珍罕。含有生物遗体的琥珀制品，则要求昆虫品种稀少、清晰可见、完整性佳。

二、琥珀的化学成分

　　琥珀的主要化学成分为 $C_{10}H_{16}O$，含有少量的 H_2S。微量元素主要有 Al、Mg、Ca、Si、Cu、Fe、Mn 等。琥珀含有琥珀酸和琥珀树脂等有机物，不同的琥珀其组成有一定的差异。琥珀组成的范围为：琥珀脂酸 69.5%~87.3%，琥珀松香酸 10.4%~14.93%，琥珀脂醇 1.2%~8.3%，琥珀酸盐 4.0%~4.6%，琥珀油 1.6%~5.76%。

　　琥珀易溶于硫酸和热的硝酸中，部分溶于酒精、汽油、乙醇和松节油中。

三、琥珀的形态

　　琥珀为非晶质体，有各种不同的外形，原料形状有结核状、瘤状、片状或各种不规则形状。可有树木的年轮或表面具有放射纹理，有的表面呈砂糖状外皮。砾石状的琥珀常有一层不透明的皮膜，即石皮。

四、琥珀的光学性质

1. 颜色

　　浅黄色、蜜黄色、黄棕色到棕色、浅红棕色、淡红色、淡绿褐色、深褐色、橙色、红色和白色，蓝色、浅绿色、淡紫色少见。琥珀的颜色主要与其所含的成分、形成的年代、所处的温度等有关。琥珀受热后颜色会加深，年代久远的琥珀因氧化颜色也会加深，含有碳质、黄铁矿、硫化物等的琥珀颜色也会加深。

2. 光泽、透明度

透明、半透明、微透明，原料为树脂光泽，抛光后为树脂至玻璃光泽。

3. 光性

全消光，常见异常消光，局部因结晶而发亮。

4. 折射率

通常为 1.540，少有变化，其范围为 1.539~1.545。

5. 发光性

在长波紫外灯下，具浅蓝色、白色及浅黄色、浅绿色、黄绿色至橙黄色荧光，由弱到强；在短波紫外灯下，荧光不明显。

五、琥珀的力学性质

1. 断口

呈贝壳状，韧性差，外力撞击容易破裂。

2. 硬度

摩氏硬度 2~4

3. 密度

已知宝石中最轻的品种，$1.08(+0.02, -0.08)$ g/cm^3。饱和浓盐水中可上浮。

六、琥珀的热学性质

琥珀的熔点 $150 \sim 180℃$，燃点 $250 \sim 375℃$ 琥珀在 150℃时开始变软，250℃时熔融，产生白色蒸气。琥珀融化时产生的气体有一种芳香气味，不同品种的琥珀气味不同。

七、内外部特征

1. 动物

多种小动物，但动物个体完整者少见，多表现有挣脱迹象。

2. 植物

多种植物等碎片。

3. 气相和液相包体

常见圆形或椭圆形气泡，也有气液两相包体。气态包体常因受热爆裂，形成"太阳光芒"状包体。

4. 旋涡纹

多分布于昆虫或外来植物碎片周围。

5. 裂纹

常见裂纹发育，并被黑色（碳质）与褐色（铁质）物质充填。

6. 杂质

裂隙、空洞中常有杂质充填。

缅甸金兰（内有两片水胆）

八、琥珀的产出

　　欧洲的蜜蜡与琥珀从前多数产自波兰、丹麦、瑞典、德国北部、罗马尼亚和俄罗斯，埋藏在 30 ~ 40 m 的地底蓝土层中，那是一层奇异的黏土。现今的琥珀大都采自波兰的森姆兰区蓝土层，但质量远不如前，仅有 15% 可以琢磨成饰物（以珠串为主）。此外，波罗的海距离岸边约 80Km 的海床下也有大量琥珀蕴藏。每次暴风雨后，常见天然琥珀冲上波罗的海各国沿岸的海滩和浅水区，有时甚至冲至英国及法国的海岸线。不过质量参差，极少精品。其实欧洲人在公元前一万五千年已佩戴琥珀和蜜蜡珠串；新石器时代金黄色的波罗的海琥珀已是主要商品。

　　蜜蜡和琥珀的颜色多变，缤纷夺目，主要是由于几千万年前树脂在地下流淌时混入外来的物质。例如,黑蜜蜡和深褐色琥珀是由于内含木炭灰烬或天然的二硫化铁（黄铁矿）所造成的。

　　蓝蜜蜡和蓝琥珀含有石灰碳酸，由于树脂流经或积存的地层石灰质多，碳酸成分便多。不过近代所见者皆属人工染成蓝色的伪品，并非天然蓝色；有些甚至是用塑料冒充的。有些琥珀和蜜蜡因为渗入了天然腐殖质（如腐殖土）分解时所产生的硫酸，因此颜色引起不同的变化。

　　考古学家曾在希腊古墓中发掘出黑红色的琥珀，它们像"黑里红"的翳珀。专家当初误以为是西西里特产的棕红老琥珀，后来经详尽分析与鉴别，证实是波罗的海品种的黄琥珀，其核心部位仍是黄色，只不过四周经久变色而已。

九、琥珀的保养

　　琥珀的熔点低，易熔化，怕热，怕曝晒，因此琥珀制品应避免太阳直接照射，不宜放在高温的地方。琥珀易脱水，过分干燥易产生裂纹，故应尽量避免强烈波动的温差。琥珀属有机质，易溶于有机溶剂，如指甲油、酒精、汽油、煤油、重液中，不宜放入化妆柜中，一般情况下,不要用重液测定其密度和用浸油法测其折光率。琥珀性脆，硬度低，不宜受外力撞击，应避免磨擦、刻划，防止划伤、破碎。与硬物的磨擦会使琥珀表面出现毛糙，产生细痕，不要用毛刷或牙刷等硬物清洗琥珀。不要使用超声波首饰清洁机清洗琥珀，可能会将琥珀洗碎。

　　最好的保养是长期佩戴，人体油脂可使琥珀越戴越光亮。当琥珀染上灰尘和汗水后，可将它放入加有中性清洁剂的温水中浸泡，用手搓冲净，再用柔软的布（比如眼镜布）擦拭干净，最后滴上少量的橄榄油或茶油轻拭琥珀表面，稍后用布将多余油渍沾掉，可恢复光泽。专业上光法是用牙粉混合融蜡油，要趁混合物有热的时候来回磨擦上光。

第三节　琥珀的疗法及药用

关于琥珀的药用最早的记载要追溯到远古时期。

琥珀的中医药知识：

【别名】血琥珀、血珀、红琥珀、光珀。

【来源】某些松科植物的树脂,埋于地层年久而成的化石样物质。挖出后,除去杂质。

【性状】不规则块状、颗粒状或多角形,大小不一。血红色、黄棕色或暗棕色,近于透明。质松脆,断面平滑,具玻璃样光泽,捻之即成粉末。无臭,味淡,嚼之易碎无沙感。不溶于水,燃烧易熔,并爆炸有声、冒白烟,微有松香气。

【性味归经】甘,平。

【功能主治】镇静,利尿,活血。用于惊风,癫痫,心悸,失眠,小便不利,尿痛,尿血,闭经。

【用法用量】0.5～1钱,多入丸、散剂服。

第一节　琥珀的分类

一、按琥珀的成因产状分类

琥珀按成因产状可分为砂珀、砾珀、煤珀、坑珀、海珀五种类型。

（1）砂珀：赋生在黏土岩或砂岩中的琥珀，为树脂经搬运后形成的砂矿。

（2）砾珀：赋生在砂砾岩中的琥珀，也属树脂经流水搬运后形成的沉积砂矿。

（3）煤珀：赋生在煤层中的琥珀，为原地同生生物化学沉积矿产。

（4）坑珀：采自矿山中的琥珀。

（5）海珀：产于海水中的琥珀，它可在水面上下漂浮。

二、按琥珀的形态分类

琥珀按形态可分为块珀、豆珀、石珀三种类型。

（1）块珀：呈致密块状的琥珀。

（2）豆珀：呈细粒状，大者如鸡蛋，小者如米粒的琥珀。如波罗的海的"小海漂"。

（3）石珀：具有一定石化程度的琥珀，硬度较大。

三、按琥珀的物性和质地分类

琥珀按物性和质地可分为香珀、灵珀、花珀、蜡珀、水珀、蜜蜡、骨珀七种类型。

11

（1）香珀：具有各种植物性香味的琥珀。

（2）灵珀：一般呈蜜黄色，透明度高，内有动植物包裹体的琥珀。

（3）花珀：具黄白相间的花纹，或呈团块状透明与不透明相间的琥珀。

（4）蜡珀：蜡黄色，透明到半透明，具有蜡状感的琥珀。

（5）水珀：浅黄色或近浅黄色，透明如水，一般外皮较粗皱的琥珀。

（6）蜜蜡：部分或全部不透明的琥珀。

（7）骨珀：色如骨，不透明，有些类似象牙的琥珀。

四、按琥珀中的包裹体分类

按琥珀中的包含物可分为虫珀、泡沫琥珀、浊珀、脂珀四种类型。

（1）虫珀：包裹有动、植物遗体的琥珀，其中以"琥珀藏蜂""琥珀藏蚊""琥珀藏蝇"等最为珍贵。

（2）泡沫琥珀：内部含气体，气液包体较多，呈不透明白垩状的琥珀。

（3）浊珀：含有大量细小气泡造成的浑浊状琥珀，呈半透明状。

（4）脂珀：外观似动物油脂般肥腻的琥珀。由大量气泡造成，呈半透明至微透明。

五、按产地分类

琥珀按产地可分为波罗的海琥珀、缅甸琥珀、多米尼加琥珀、抚顺琥珀等。

（1）波罗的海琥珀：产于北欧波罗的海沿岸国家，部分产自煤层中的琥珀。呈各种黄色、黄白色至带褐的黄色，透明至不透明。

（2）缅甸琥珀：产于缅甸的琥珀。多带褐色调，透明或半透明，硬度较大，常含有昆虫、树叶等动植物包体，有时有方解石细脉穿插其中。

（3）多米尼加琥珀：产于多米尼加的琥珀。一般透明度较好，但杂质较多，可出产价值极高的蓝珀。

（4）抚顺琥珀：产于辽宁抚顺煤层中的琥珀。常见黄色至金黄色，其中有昆虫，清晰美观，十分珍贵。

（5）墨西哥琥珀：产于墨西哥的琥珀。珀体黄色、金黄色为主，常带绿光，与多米尼加的金绿琥珀极为相似。

（6）罗马尼亚琥珀：产于罗马尼亚的琥珀。为浅褐黄色至褐色，也可以是微褐红色甚至红色，含硫量高于波罗的海琥珀。

（7）西西里琥珀：产于意大利西西里岛的琥珀。这种琥珀为红至橙黄色，或黄绿色、蓝色、蓝紫色，比波罗的海的琥珀颜色稍深。

六、按用途分类

琥珀按用途可分为饰用琥珀、药用琥珀、工业用琥珀三种类型。

（1）饰用琥珀：种、色均好的符合宝石级要求的琥珀，可制作项链、戒指、胸坠、耳坠、小动物、人像等装饰品，虫珀可作陈列观赏用。

（2）药用琥珀：种、色均差的琥珀，作为名贵中药材，可治病防病。

（3）工业用琥珀：具耐酸、高介电性、防腐等性能的琥珀可用于工业中。

七、按人工优化处理分类

琥珀按人工优化处理可分为净化琥珀、老化琥珀、再造琥珀等类型。

（1）净化琥珀（又称压清）：将不透明或云雾状琥珀经加热、加压处理后变得更加透明的琥珀。经加热形成的压力，往往会使琥珀产生圆盘状分布的放射状裂纹，俗称"太阳光芒"。

（2）老化琥珀：经长时间与空气接触或佩戴后表面颜色会变深或较深褐色，这是氧化及受温度影响之故。经人工烤色形成的颜色变深的琥珀称为人工老化琥珀。

（3）再造琥珀：通过在适当压力下加热小碎块或由琥珀粉末热熔而成的琥珀，又称压制琥珀。

波罗的海鸡油黄蜜蜡

第二节　琥珀的品种简介

一、血珀

天然血珀，顾名思义就是色彩似血般红艳凝重的琥珀，质地清透亮丽，又称红珀。色正红如血者为琥珀中的上品。血珀的红色有深浅，颜色一般不匀，常常在红色当中有金黄色区域出现，因其为氧化所致，即为氧化层，所以内部常带有黄色的心。而同是血珀的部分颜色也有浓淡深浅的变化。

对于质地，行内认为透明度达到 80% 以上才可以称为血珀。如果透明度差，尽管是红色也不能称为血珀，而只能称为棕红，当然它也是棕红中的极品。颜色极深的则称为翳珀。天然翳珀是正常光线下为黑色，透光观察或强光下为酒红色。

缅甸血珀 酒红-樱桃红

血珀当中带有部分橘黄色

二、金珀

金黄色透明的琥珀。特点是光辉灿烂
如黄金般的体色，散发着金色光芒，一般
透明度很高，是名贵的琥珀品种。古人誉
为"财石"，色彩鲜艳夺目，质地剔透晶莹，
十分富丽华美。人们相信其金色的光辉会
带来好运，也会带来更多美好的社交机会。
多米尼加等国的金珀，常呈现美丽的淡金
色调，更有诱人的蓝光飘游其上，独具瑰
丽神秘的奇幻色彩。

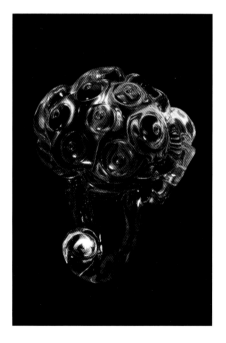

缅甸金蓝微紫

15

缅甸纯金珀

三、香珀

具有香味的琥珀。不同的产地及品种具有的香味不同。天然产出的琥珀香味浓郁的并不多，且多是松香味及豆科植物的特殊香气，香味寡淡，一般只在摩擦时感觉比较强烈，市场上多数香珀是由于加了香精、香料而称为"香珀"。此种人工的香珀，香气浓郁，无需摩擦即可闻到浓烈甚至刺鼻的香味，香型较杂，多为人工合成的混合香型。

波罗的海橘黄香珀

四、虫珀

包含有动物、植物遗体的琥珀。其中以包含小的动物遗体如蚊子、苍蝇、蜜蜂、蝎子等最为名贵。可以想象千万年前飞翔着的小昆虫，瞬间被滴落的松脂粘住并被包裹起来，将那一个机缘巧合的瞬间凝固成为一种永恒。

虫珀是最珍贵的琥珀品种，琥珀中的特殊化学成分完整地保存了生物的外表甚至内部组织，是独一无二的古生物展示橱窗，更是大自然留给人类探索远古生命的一种有效途径。

波罗的海虫珀

五、石珀

有一定石化程度，硬度比其他琥珀大，色黄而坚润的琥珀。

六、蓝珀

蓝珀一般非常罕见，其价值极高。蓝珀有几种：一是琥珀本身就是蓝色的，这样的蓝珀极少；二是琥珀本身并不是蓝色的，只是在金黄，明黄体色上出现蓝色的漂光，当光线照射时在某一个角度会呈现蓝色，这种珀体本身通常为黄色、金色甚至棕色且蓝光往往不纯，常带绿或紫色色调，若带有纯正蓝光则十分稀少名贵；三是在紫外灯下呈现蓝色荧光的琥珀。行内真正称为蓝珀的是前两种，也有人认为只有多米尼加的蓝珀才是真正的蓝珀，其他产地的只能说是具有蓝色的幻彩。

一般蓝珀整体呈现蜜黄色的体色，表面对光的部分呈明显的蓝色，而且蓝色会随着光照射角度的变化而灵活地移动。荧

缅甸金蓝微绿

光灯下，会出现明亮的带紫色或绿色的蓝色荧光。蓝珀的稀少性以及具有独特而美丽的光学效应奠定了它在琥珀王国里至高无上的霸主地位，高贵典雅宛如清凉的海水或是蔚蓝的天空，令人心旷神怡。

七、花珀

黄白或红白相间、颜色不均匀的琥珀，如缅甸、抚顺等地的花珀。还有波罗的海的琥珀，经过加热内部出现"太阳花"的琥珀也称为花珀。

波罗的海花珀（优化）

八、绿珀

整体呈绿色透明的琥珀，也是较名贵的稀有品种。当琥珀中混有微小的植物残枝碎片或硫化铁矿物时，琥珀会显示绿色。天然的绿色琥珀很少，现今流通品种中天然的绿色调琥珀只有极少数抚顺琥珀及缅甸出产的柳青珀，柳青就是琥珀的颜色发浅绿色，阳光下泛青色，堪比早春绿柳。

市场上常出现的绿色琥珀多为波罗的海优化处理过的品种。还有部分呈绿色调的琥珀本身并不是绿色，只是表面漂浮一层绿色的幻彩，如墨西哥、多米尼加及缅甸的金绿珀。

　　绿，神秘幽深的色彩、明亮晶莹的质感，加上深邃迷离的冰花散布其间，使得绿珀独具魅力。

波罗的海绿珀（优化）　　　　　　　　　　　　　　　　　　　　　　　　　缅甸柳青珀

多米尼加金绿珀

墨西哥金绿珀

九、白琥珀

　　白色是琥珀蜜蜡中较稀少的颜色，以其天然多变的纹路为特征。质轻，略松软，白色的体色是由于内部所含大量密集细小的气泡散射光线所致。这种琥珀又被称作"皇家琥珀"或"骨珀"。也可以与其他颜色伴生。白色琥珀的琥珀酸含量极高，香气浓纯，体温微微加热即可闻到馥郁芬芳的松香气息，清新醒神，有人称其为"白香珀"。

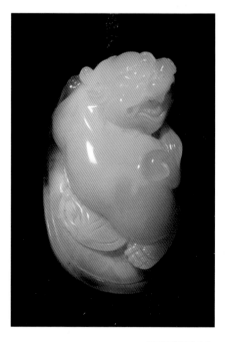

波罗的海珍珠白蜜

十、其他类型的琥珀

1. 翳珀

肉眼平视观察时呈现黑色，在光线照射下呈现红色或暗红色的琥珀，或是由于琥珀中含有大量的杂质，使琥珀的透明度降低，正面观察呈现黑色，当光线照射下呈现红色或暗红色。

缅甸翳珀

2. 根珀

不透明，呈白黄褐黑相间的大理石样花纹，是因为埋葬在地下时有方解石、黄铁矿份子沁入而形成。是所有琥珀硬度最高的，可以达到摩氏3。

根珀其实可以理解能为缅甸蜜蜡，又可以细分为根珀、蜜蜡、半根半珀、半蜜半珀等。

第三节 蜜蜡的品种简介

一、金绞蜜

当透明的金珀与半透明的蜜蜡互相绞缠在一起时，形成一种黄色的具绞缠状花纹的琥珀。当外部是金珀，内部是蜜蜡的时候叫做金包蜜，金包蜜几乎都是蜜蜡经过压清所得。

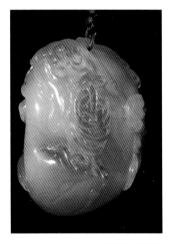

波罗的海金绞蜜

二、蜜蜡

蜜蜡就是半透明至不透明的琥珀，因其色如蜜、光如蜡，故称"蜜蜡"。它可以呈现各种颜色，以金黄色、棕黄色、蛋黄色等黄色系列最为普遍，有特殊的蜡质感，光泽由蜡状到树脂光泽，也有部分可以达到玻璃光泽，有时呈现出玛瑙般的花纹。由于内部含有大量的气泡，当光线照射时，其中的气泡将光线散射，使蜜蜡呈现不透明的黄色。内部的气泡越多，蜜蜡的颜色越浅。蜜蜡以天然纯正、质地油润、精光内蕴、非经人工染色、完好没有裂纹及残破者为佳。顶级的蜜蜡则外部脂光润亮，内部精光与宝光内敛；有绢丝、云纹、虎纹、风化纹及冰裂纹；孔道氧化，内芯洒金或爆花；色调具二向或二向以上阶梯变化的层次感；色彩柔润、鲜艳而不失古朴感，隐约呈现油润而灵活的光泽；光影闪耀，似有若无，或出现山川人物、境界灵奇等。

蜜蜡是古代皇家御用宝石。蜜蜡质地温润，具有无比的亲和力，传承了来自远古的神秘力量，凝聚了智慧与财富的能量。一直以来，修行之人都将蜜蜡视为祥瑞之物，被当作辟邪化煞保平安的宝物。

波罗的海白蜜蜡

砂金琥珀及放大照相

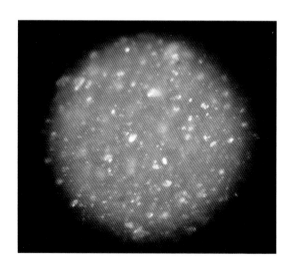

第一节　琥珀与相似品的鉴别

一、树脂类

1. 硬树脂

是一种地质年代很新的半石化树脂，与琥珀有类似的成分，但不含琥珀酸且挥发成分比琥珀量高。其物理性质与琥珀相似，但更易受化学腐蚀，遇乙醚变软、发黏，紫外灯下呈强白色荧光，尤其是短波下也会有强白色荧光，而天然琥珀短波下一般荧光不明显。热针实验较琥珀更易熔化。硬树脂的韧性差、脆性强，极易裂开。

波罗的海硬树脂

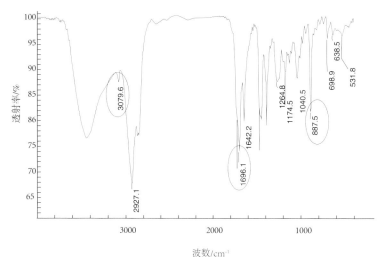

天然树脂的红外光谱图

2. 柯巴树脂

是一种地质年代很近（约 100 万年）的树脂，未经石化，化学腐蚀作用敏感，遇乙醚或酒精发黏或不透明，短波紫外灯下发白色荧光。

印尼树脂柯巴（带蓝光）

二、松香

是一种未经地质作用的树脂，多数为淡黄色，透明至不透明，呈现树脂与蜡状的混合光泽，质轻，硬度小，表面有许多油滴状气泡，导热性差，短波紫外光下呈强的黄绿色荧光。燃烧时有芳香味。韧性极差，极易破碎。密度一般较琥珀稍小。

三、塑料类

塑料类制品，如表 3-1 所示。

表 3-1 塑料制品仿制琥珀

品种	折射率	密度	硬度 /(g·cm⁻³)	可切性	内含物	其他
琥珀	1.54	1.08	2.5	缺口	动植物残骸、气泡，具漩涡纹	具蓝白荧光，燃烧具芳香味
酚醛树脂	1.61~1.66	1.25~1.30		可切	流动构造云状物、流动构造	具褐色荧光
氨基树脂	1.55~1.62	1.50		易切	云状物、流动构造	
聚苯乙烯	1.59	1.05		易切		易溶于甲苯
赛璐珞	1.49~1.52	1.35	2.0	易切		易燃
安全赛璐珞	1.49~1.51	1.29	2.0~2.5	易切		燃烧发醋酸味
酪朊塑料	1.55	1.32		可切		滴浓硝酸留下黄色污斑，短波光下呈白色
有机玻璃	1.50	1.18	2.0	可切	气泡、动植物体	燃烧具刺激性异味

当今，大部分琥珀仿制品以塑料为原料。根据塑料的使用性和技术性能划分，塑料包括人造橡胶及塑料，其中塑料根据其在加热过程中的反应分为：热塑性塑料，包括赛璐珞、酚醛树脂清漆、树脂玻璃、聚苯乙烯及一些聚酯材料；热硬化性及化学硬化性塑料，包括苯酚醛塑料、苯酚及甲醛缩聚成的产品（胶木）、氨基塑料（乳石）及其聚酯材料。赛璐珞属热塑性塑料，容易模塑。从19世纪末开始，就被用来做琥珀的仿制品塑料，它们被用来仿制琥珀烟斗，这在20世纪初非常流行。

塑料制品

由树脂制成内有昆虫的仿琥珀，这样的琥珀仿制品市场上已不多见了。然而，以赛璐珞为基础且已获得重大改进的塑料出现，使得仿制者可以制造出难以辨认的仿制琥珀原石块。有时候，在销售大批量的琥珀原石时，混有一些仿制品，它们是仿制得很逼真的塑料块。由塑料制成的仿制琥珀半成品和天然琥珀一样有着不规则的有趣的内含物。它们甚至同样可以用来加工，但是可能会因为其难闻的气味而被发现是仿制品。因为琥珀在碾磨（尤其是干碾）、切割、钻孔和抛光的过程中，会散发出特有的松香味。

胶木和酚醛树脂清漆是人造树脂－苯酚醛塑料，这类材料原来多用于琥珀仿制品。20世纪初，深樱桃红的仿制品项链被称为"古老的琥珀"。

"非洲蜜蜡"这个名字被错误地用于那些从非洲带到几乎是世界各地的由塑料制成的项链，它实际上是酚醛塑料制品。

四、玻璃和玉髓

玻璃是最早被用来制作仿制琥珀的材料。用有色玻璃可制成仿制琥珀，玻璃仿制琥珀是在熔化的玻璃里加入诸如镉、钛等成分铸造而成的。

目前市场上有小尺寸的琥珀仿制品项链和念珠。这些项链和念珠常常是用玻璃做成的，也有用玉髓染色来冒充老琥珀。

波罗的海白花珀

第二节 琥珀的常识鉴别

1. 密度实验

天然琥珀的密度很小，放入水中时它也会沉入水底。但放入饱和盐水中时，琥珀会慢慢浮起，而绝大部分仿制品会沉入水底。

2. 声音

无镶嵌的琥珀链或珠子放在手中轻轻揉动会发出很柔和略带沉闷的声音，如果是塑料或树脂的声音则比较清脆。

3. 气味

天然琥珀的气味很特殊，当摩擦、受热或燃烧的时候，天然琥珀会发出一种怡人的树脂味，这种基本的特质可以帮助辨别琥珀。当今世界所知道的所有仿制琥珀的种类都可以通过气味的方式与天然琥珀区别开来。

4. 触摸

触摸琥珀的手感是轻柔温暖的，这使得它可以和玻璃、塑料等仿制品区分开来。用刮擦样品表面的方法也可帮助识别，刮擦天然琥珀的表面会产生细小的粉末，而刮擦人造树脂的表面则会呈螺旋状刮痕或卷曲的刨花。与人造树脂块相比，天然琥珀极易崩缺，且更容易起粉末。

5. 观察

琥珀的质地、颜色深浅、透明度、折光等会随着观察角度和照度的变化而变化，即"宝光"现象。这种感觉是任何其他物质所没有的。琥珀即使透明度很高依然显得温润醇厚，不像玻璃、水晶、钻石那样具有清澈见底的通透性。仿制品要么很通透要么不透明，颜色呆板，有发死发假的感觉。假琥珀内部人工制作的琥珀花很刺眼，并反射出死气沉沉的冷光。优化处理过的琥珀，包括那些有内含物的琥珀仿制品的特征之一，是它们仅仅在表面有鲜亮的颜色，而里面几乎是无色的。

6. 硬度实验

用针呈 20 ~ 30°角轻轻斜刺琥珀背面时（您认为不会对琥珀造成伤害的位置），会感到有轻微的碎裂感和十分细小的粉碎渣。如果是硬度不同的塑料或其他物质，要么是打滑扎不动，要么是很黏的感觉甚至扎进去。柯巴树脂有时可有强烈的香味。用热针头接触柯巴树脂时，它会熔化，黏在针上形成长"线"拉丝。由柯巴树脂制成的产品暴露在阳光和空气下会产生非常大而深的头发样的裂纹。此外，如果用烧烫的针触碰，塑料类假货会散发出特有的异味。

7. 使用乙醚

为了鉴定一颗琢型琥珀，最好以难以觉察的位置滴一小滴乙醚，停留几分种。如果琥珀被乙醚所腐蚀，那么乙醚挥发后，就会在其表面留下一个斑点。由于乙醚挥发得十分快，有时需用一大滴乙醚，或不时地补滴。天然琥珀对乙醚和各种溶剂的反应很弱，而由柯巴树脂制成的仿制品对乙醚和丙酮（指甲油去光水）会产生反应，在很短的时间里表面会变得无光泽和变黏。

8. 紫外灯照射

将琥珀放在紫外灯下，表面会产生淡绿、绿色、蓝色、白色等不同颜色及强度的荧光。而塑料等仿制品多数无荧光或发出和天然同类品种完全不同的荧光。

第三节　国外仿制琥珀的历史

一. 波兰琥珀仿制品

波兰琥珀仿制品于 20 世纪 40 年代就出现了。由于市场对天然琥珀的需求增加，供不应求，因而许多小型私人作坊制造替代品。大部分仿制琥珀用乳石、树脂玻璃制成。

20 世纪 50 年代，各种球形、橄榄形和多面形珠子串成的项链，是由乳石染成黄色或橘黄色制成的。现在可以在跳蚤市场上找到它们，它们常被当作古老的琥珀来卖。其实它们很容易被辨认出是仿制品，因为它们的颜色随着时间的推移已经淡化（那时使用的着色剂不是很持久），而天然琥珀的时间越长颜色会变得越深，表面会发红。

做成板块状带黄白条纹和白勺半成品，可用来制成不同物件和装饰品，如首饰盒、桌面摆件和裁纸刀把。

20世纪60年代，开始大规模用聚酯树脂制造琥珀仿制品，一般呈饱满的金黄色且完全透明。有些被用来保存古董琥珀制品，修复琥珀家具、琥珀化妆盒和琥珀圣坛。20世纪60年代末出现了"粘贴琥珀"。人们将小的、无法使用的琥珀碎片，压制成大块琥珀。

波罗的海再造蜜蜡

波罗的海鸡油黄蜜蜡

二. 乌克兰仿制品

在乌克兰，随着塑料琥珀仿制品技术的发展，其他用天然树脂（包括柯巴树脂）制造琥珀仿制品的方法也得以发展，包括硬化天然树脂，通过将其与普通酒精、甘油、苯酚、糖和金属氧化物结合制成。

将柯巴树脂和酸性水或中性物质混合，施加 1.6 kg/cm^2 的压力，制成原料，然后去掉柯巴树脂的皮层，再浸在硫化氢溶液里并在密封高压炉里加热。将树脂溶解在加了着色剂的丙酮溶液中，在丙酮挥发前将其混合。在 300℃ 的温度下熔化，在压力下铸模成型直到混合体变硬。

为了使琥珀原料颜色更深和颜色均一，乌克兰的大部分琥珀原料都经过压制处理。在压制的过程中添加着色剂，有的还添加许多各种各样的填充剂。由此方法制造的原料被用来制成首饰和雕刻件。

波罗的海奶白蜜蜡（乌克兰）

缅甸棕红孔雀绿

第四节　琥珀的优化处理及其鉴定

琥珀优化处理的主要目的是为增加琥珀块的透明度，隐藏其内在的瑕疵，改变颜色以达到想要的颜色，或使颜色均匀，达到某种视觉效果使其产生"鳞片"的内部爆花。为了达到上述效果，将琥珀在空气供给有限的环境下，在热油、热沙或热食盐里进行加热。这是一个加速其内部净化的过程，与在自然环境中发生的变化相似。目前这个过程是在高压炉里进行的，用高压炉进行优化处理的方法做到了一些过去做不到的事情，例如两块天然琥珀之间可以达到完全无痕的结合，经这种方法制作的琥珀块完全看不出来它们是被粘连在一起的。

一、热处理（压清和爆花）

为增加琥珀的透明度，将云雾状琥珀放入植物油中加热，加热后的琥珀变得更加透明。在处理过程中会产生叶状裂纹，通常称为"睡莲叶"或"太阳光芒"，这是由于小气泡受热膨胀爆裂而成的。天然琥珀也会因地热而发生爆裂，但在自然界条件下受热不均匀，气泡不可能全部爆裂，而处理过的琥珀气泡已全部爆裂，故不存在气泡。

波罗的海花珀

琥珀在自然状态下是可以出现"太阳花"或叫"爆花"的精美图案的（应是无色彩的）。真正的未经过任何处理的琥珀中"太阳花"出现的概率要比虫甚至大虫概率还要低，更不要说里面还有红色或其他色彩的"太阳花"了。

"太阳花"的色彩都是琥珀的原底色（金黄色），在阳光下可以反射七彩光芒，而其本身不显示任何色彩。琥珀中的"太阳花"在正常的光线下是看不到的，需要调整光的角度和观看的位置。尤其是琥珀料纯净和颜色属浅色系的，更不容易看到。

琥珀中的"太阳花"形态基本上是椭圆形的，放大观察，非常薄，有反射玻璃的质感光泽。而每片"太阳花"的边缘都是钝的，看上去厚度是中间的几倍，每片相互之间的距离即使十分接近，甚至贴靠上，也不混杂，都是独立的椭圆形，并且不会在受到外力打击的作用下，向各个方向炸裂延伸，即使琥珀被一分为二，也始终是它原有的形态和形状。琥珀中一些其他形态的炸花、裂隙、开片、裂片等，都不能称为琥珀"太阳花"，应该予以区分。真正的琥珀"太阳花"不是随处可见或是随意都可见到的。它的成因应该是琥珀内部水汽或是某种物质在地下高温高压下形成的，而温度和压力刚刚好，所以产生了比较精美独特的琥珀"太阳花"。琥珀在后天人为加工和制作工程中，或是琥珀长时间放置中，也会在内部产生炸裂、鳞片、爆花、太阳花等形态，但所产生的数量、形态和特性都与天然的纯"冰花"琥珀有区别的，是可以通过对比和观看感觉出来的。

二、烤色处理

琥珀随着年代及使用的久远表面都被氧化，出现了表层的颜色变红，并且有一定的深度。烤色是仿造大自然的氧化过程，快速地使表层氧化变红。烤色一般仅在近表层出现红色，且与内层的过渡也不自然。自然老化的琥珀表面一般都有不同程度的"开片"现象。

烤色琥珀

1. 琥珀优化（热）处理和烤色

使用琥珀制作的精美饰品从古罗马起就开始在欧洲流行。有史以来，人们一直尝试使用物理和化学的干预来改变琥珀外貌，有时候是双管齐下。在古罗马，人们就知道将琥珀放在热油中进行澄清，并在油中添加染料对琥珀进行上色。

优化的过程是为了改变琥珀的外观，使它们更能接近流行趋势。这个方法直到 19 世纪中期都不是很常见。在此之前，人们多直接使用采集到的透明和半透明的琥珀，使用它们原始颜色的加工制品。但有时候为了更加突出展现琥珀的魅力，原始矿石有必要进行优化处理。

威廉森·乔治在 1932 年出版的《琥珀之书》中提到过使琥珀颜色加深的方法。他写道，将琥珀放进盛满细沙的铁锅里缓缓加热，可以使琥珀的颜色由淡色加深到棕色、黑色。

热处理琥珀的基本原理是通过温度的提升来加快琥珀的氧化，通过压力改变琥珀的透明度。在苏联时期研究出一种改变琥珀硬度和颜色的方法：使用高压锅，在高压下往炉膛里注入惰性气体（氮或氩），炉膛里的气压由几个大气压升高到 300 Kg/m^2。温度上升到 200℃ 时琥珀开始变软，里面所含有的气泡（琥珀透明度的影响因素）开始浮向表面，琥珀变得异常清澄。这个过程也使琥珀丢失了原本的颜色，经过这个过程后的琥珀呈无色或带着水样的浅绿色。为了获得想要的颜色，有时会进行下一个步骤：对它们进行高温烘焙，在琥珀的外层烘上一层很薄的颜色，模仿氧化后的颜色。琥珀因为高温发生氧化，颜色会逐渐加深。而琥珀里的气泡则因受热不均匀，就会炸开形成放射状的"太阳鳞片"。当气泡被挤出，即使是云雾状的蜜蜡也能变得清澈。在控制温度的情况下，适当的工艺操作可以保留不透明琥珀当中位于正中的部分蜜蜡，制作成深受大家喜爱的"珍珠蜜"。

经过热处理，琥珀的透明度、硬度都大幅提高，更易加工成各种珠宝首饰。对于热衷收藏古旧宝物，喜欢颜色均匀和深红、深黄老色琥珀的亚洲各国，经过热处理方法得到的"血珀"和"老蜜"颇受欢迎。

热处理和烤色后的琥珀变得更加耐磨，更易于保存和佩戴。这是业内许可的加工方法，出售时不需要特别注明。但是该方法并不适于处理含昆虫和其他内裹物的琥珀，因为高温会使它们受到损害。处理后的琥珀的物理和化学性质都会在一定程度上有所改变。琥珀颜色的加深通常只停留在表层，不会深及到内部，这和琥珀在自然界中的氧化相同。这也是有时候深色琥珀珠的孔芯依然是浅色的原因。

带着美丽纹路鳞片的琥珀在市场上备受青睐，鳞片折射着太阳的光芒，有称为太阳花的，也有称为荷叶鳞片的。初接触琥珀的朋友会以是否含有灵动的"太阳花"作为辨别真假琥珀的方法。

2. "烤色"琥珀

加工厂将琥珀放入烤箱中给定温度进行烘烤，可以将黄色的琥珀烤成褐红色（外皮），将蜜蜡烤成"老蜜蜡"。琥珀经过热处理，其中的气泡可以全部爆裂，在特定的温度下，爆裂产生的"太阳光芒"也可以变为褐红色，加工厂将烤色琥珀褐红色的表皮抛磨后，褐红色的盘状裂隙就突显在黄色的琥珀中间了，非常漂亮。

三、压清处理

对透明度不好的琥珀进行加压、加温处理，使其透明度变好。

波罗的海金绞蜜（压清）

四、压固处理

压固处理是对于有裂纹或是刚刚破裂的琥珀进行加压、加热使其固结的处理方法（也叫融合处理）。

方法：将要压固的碎块琥珀放在特殊的装置中加热到临熔点并同时加压，使琥珀碎块融合在一起，然后慢慢降温，直至冷却。

目的：使琥珀变成大块，便于雕琢，也使琥珀变得完整、完美，同时增加了琥珀的重量。

这种压固处理也属于优化，基本上看不出原来的裂缝，也不会影响琥珀的耐久性。但是，不是所有带裂纹的琥珀都能进行这种压固。

另外一种压固处理是在压固的同时加入树脂胶。

方法：将要压固的碎块琥珀放在特殊的装置中并加入一定量的树脂胶，加压同时加热，使琥珀碎块粘接融合在一起。

检测：

（1）紫外荧光灯下。融合后的琥珀在紫外荧光灯下表现为局部有荧光（琥珀部分），无荧光的部分为胶，并且界限很清晰。

（2）偏光镜下。融合胶的部分会有异常消光现象（融合的胶较多、面积较大，融合较少胶的一般不会有此现象），而琥珀的部分为局部发亮。

（3）显微镜下观察。融合界线部分或多或少有气泡或有白渣留下（可能是助熔剂类的物质），融合的胶体部分有很多小气泡及不明碎屑物，同时胶体部分有很不同于琥珀的流动构造（琥珀为回旋窝状流动构造）-- 单向流动构造。

（4）脆性测试。琥珀具有一定的脆性，而融合的胶则无脆性且很软，用大头针轻轻一戳，就会有一个小坑。

（5）热针探刺试验。用热针探刺琥珀和融合的胶，则分别发出松香味和刺鼻味。

（6）大型仪器测试 -- 红外光谱仪。琥珀和胶显示出不同的光谱图或两者的混合光谱。

（7）镜下观察。两者的结构不同。

粘补处理

相对融合处理来说，粘补则要简单得多。

方法：将琥珀的凹坑或残缺部分用胶粘补起来。

目的：使琥珀的残缺部分变完整，同时便于加工并增加了重量。

检测：方法与融合处理的相同，只是透光观察可以很容易发现琥珀和粘补部分在颜色、透明度、大致结构和包体上的不同。

缅甸金珀（压固）

五、覆膜琥珀

在琥珀或是树脂的表面覆上一层塑料或树脂薄膜。覆膜处理是琥珀优化处理的一种常用方法。覆膜是将预先调好的有色或无色漆（胶）均匀地涂抹在样品的底部或表面，以增加样品光泽度，突出样品的美观和起到保护的作用。有时候也可以仿冒部分老琥珀的外观。

表面覆膜（主要是对一些爆花的样品）的检测：在显微镜下，在有的样品的凹坑处或雕刻线处可见集结的调漆，有时甚至可以见到气泡。反射光观察，可见样品的表面有许多小的突起，样品表面不光滑；在样品打孔的周围或样品不显眼的地方，用针尖轻划，样品表面的调漆很容易被划起并见到调漆下的琥珀。对着灯光 可以发现调漆是不均匀地涂抹在样品表面的，有些可见漆或胶未干时流淌的痕迹。

当表面的膜很薄且无色时，它对琥珀只是起到了保护作用，这时不需要做特别的鉴定。

当表面的膜很厚时，往往掩盖了琥珀内部的一些特征，如裂纹、瑕疵等，这时就需要鉴定，它应该是处理品了。

当表面的膜带有其他颜色时，如蓝色、红色等，也应该是一种处理品（相当于染色），也需要鉴定。

底部覆膜主要针对一些镶嵌样品。

辨别方法包括：

1. 放大观察

这种覆膜处理的琥珀表面光泽特别明亮且统一，这种异常的高亮度通常在第一眼观察时就会引起怀疑，表面一般并不十分光滑，反射光常见包覆灰尘颗粒的突起、刷擦划痕等明显痕迹。覆膜层有时在珠孔周围清晰可见，用针尖轻划，样品表面的亮膜很容易被划起并见到其下的琥珀层。当覆膜较厚时，雕件的阴刻线处可见覆膜物质的堆积，其内可见气泡或者气泡群，手感黏滞发涩。当覆膜层较薄或技术较好时上述痕迹可不明显，甚至完全不见，但涩滞的手感依然可以显示膜的存在。

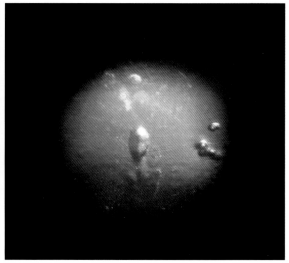

放大照相出现表面留有气泡

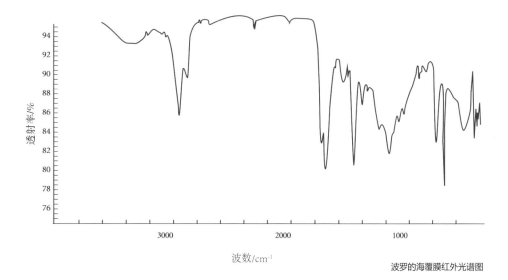

波罗的海覆膜红外光谱图

2. 热针实验

当热针接触到表层覆膜（漆）层时，将发出辛辣的气味。覆膜层是现代树脂类。

3. 折射率

对琥珀类的鉴定而言，折射率的测量意义不是很大。但对于塑料类仿琥珀来说，还是具有一定意义的。塑料的折射率一般在 1.56 以上，而覆膜琥珀的折射率一般为 1.51 ~ 1.52。

六、再造琥珀

由于一些琥珀块度过小，不能直接用来制作首饰，因此将这些琥珀碎屑在适当的温度、压力下烧结，形成较大块琥珀，称为再造琥珀，亦称压制琥珀、熔化琥珀或模压琥珀。也有人叫作二代琥珀。

方法：将琥珀碎屑或边角料破碎成一定粒度并除去杂质，在适当的温度、压力和特殊装置中烧结；压制时的温度、压力和时间不同可以得到不同的产物，同时其内部特征也有一定的差异；如果在压制过程中添加其他有机物，如染料、香味精及黏结剂等，并在较高的温度和较长的时间下，可以得到均匀、透明、没有流动构造的压制琥珀或流动构造很强的再造琥珀。

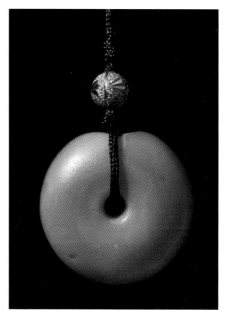

波罗的海再造老蜜蜡（粉末法）

目的：形成较大块的琥珀便于制作琥珀饰品。

鉴定方法：

（1）天然琥珀的颜色通常为黄色、棕色、红色等；再造琥珀的颜色一般为橙黄色或橙红色。

（2）再造琥珀一般光泽要弱于天然琥珀。

（3）再造琥珀的表面光滑度较差，手摸没有天然琥珀光滑，有黏、涩的感觉。

（4）对于较为不透且颜色较深（如褐红色）的再造琥珀，在聚光手电筒的照射下，样品成绿色调，对于较透的样品则一般不会有这种现象。

（5）肉眼观察压制琥珀里面常常含有"雾状"的"血丝"，即压制琥珀中有暗红色的丝状物，其形态像毛细血管，呈丝状、云雾状、絮状。

（6）显微镜下，早期产生的再造琥珀常含有定向排列的扁平拉长状气泡及明显的流动构造，并产生清澈与云雾状相间的条带，琥珀颗粒间可见颜色较深的表面氧化层。新式再造琥珀透明度高，不存在云雾状及流动构造，表现为糖浆状的搅动构造，有时含有未熔物。未处理过的琥珀内所含气泡多呈圆形，通常含有动植物碎屑。反光下，则可以看到两块碎料的交接处有一条凹痕，透光下，可见不同碎块的包体不同，且一块碎块内的包体在交接处断裂（不连续），并且两碎块的接合处有一条颜色更深的流动纹（沿碎块的边缘）。

（7）紫外荧光灯下，再造琥珀呈蓝白、褐黄、浅绿色等不同斑块。而琥珀呈较均一的蓝白色、浅黄色、黄色、褐黄色等。在短波紫外光下，再造琥珀比天然琥珀的荧光强，再造琥珀有时会表现为明亮的白垩状蓝色荧光，而天然琥珀为浅蓝白、浅蓝或浅黄色荧光。

8. 再造琥珀的密度比天然琥珀稍低一些，一般为 1.03 ~ 1.05 g/cm³，而琥珀的密度一般为 1.05 ~ 1.08 g/cm³ 之间。

9. 折射率基本上都在 1.53 ~ 1.54（点测）之间，而琥珀如果是经热处理的，褐红色或褐黄色的，则折射率一般为 1.56 ~ 1.57（点测）之间。

10. 正交偏光镜下，再造琥珀表现为异常双折射，天然琥珀的典型特征是局部发亮。

11. 未熔融的颗粒，压制琥珀中或多或少有未熔融的颗粒，但是通常这只能在放大镜或者显微镜下观察。

12. 乙醚实验，有些压制琥珀的原材料是树脂，用乙醚擦拭几分钟后就会有发黏被溶解的感觉。

波罗的海再造蜜蜡

压制琥珀技术是在 19 世纪末由奥地利研究出来的。随后在德国、俄罗斯等国也开始大量研究生产。清末民初，由这种压制琥珀做成的器件在中国曾经流行过，它们多数以红色透明雕刻品的形式出现，比如鼻烟壶、佛像、琥珀碗等。

如果是用 100% 的天然琥珀粉压制的，波兰国际琥珀协会将它并入琥珀的一种，但是出售时需要特别说明。其价格要比天然琥珀低得多。这样的琥珀制品，使用燃烧法仍然有淡淡的树脂香气，长期佩戴对身体无害。

在压制琥珀中可以观察到碎片搅动的状态和漩涡状态所产生的不规则的纹路，这种纹理也被称为"血丝""萝卜丝"，可以作为肉眼鉴定的依据。所以也常用烤色优化的手段，使琥珀颜色变深，这样就加大了分辨的难度。表3-2为天然琥珀与再造琥珀的区别。

表 3-2 天然琥珀与再造琥珀的区别

特征	天然琥珀	再造琥珀
颜色	黄、橙、棕红色均有	多呈橙黄或橙红色
断口	贝壳状、有垂直于贝壳纹的沟纹	贝壳状
结构	表面光滑	粒状结构，表面呈凹凸不平的橘皮效应
密度／g·cm^{-3}	1.05 ~ 1.09	1.03 ~ 1.05
包体特征	动植物残骸、矿物杂质、圆形气泡	洁净透明，可有聚集态的未熔物，气泡呈扁平拉长状定向排列
构造	具有如树木的年轮或放射状纹理	早期产品具流动构造，新压制琥珀具糖浆状搅动构造
紫外荧光	浅蓝白、浅蓝或浅黄色荧光	明亮的白垩状蓝色荧光
可溶性	放在乙醚中无反应	放在乙醚中几分钟后变软
老化特征	因老化而发暗，呈微红或微褐色	因老化而发白

波罗的海再造琥珀

琥珀及玛瑙纹（来源于亓利剑CGC再教育）

再造琥珀及人造树脂

七、染色处理

琥珀在空气中暴露若干年后会变红。染成红色可以模仿这种老化特征，另外还可以染成绿色或其他颜色，放大观察颜色只存在于裂隙中。

方法：将有一定脱水并有不同程度裂纹的琥珀放入染剂中进行染色。

目的：模仿老化的特征，模仿老琥珀和产生其他颜色的琥珀。

鉴定：放大观察可见颜色只存在于裂隙中，透光可见裂隙中的颜色浓集。

波罗的海珍珠蜜（烤色）

甸棕红紫罗兰（带蓝光）

世界上琥珀集中产出的地方有俄罗斯、波兰、德国、法国、英国、罗马尼亚、意大利、美国、日本、印度、中国等。

第一节　波罗的海沿岸及周边国家

波罗的海琥珀是世界上的优质琥珀，世界上近90%的琥珀产自于波罗的海。

一、丹麦琥珀

丹麦是世界上第一个发现琥珀的国家。波罗的海海滨琥珀矿里精品较多，其中20%可以用来做首饰。波罗的海琥珀的特点是品质好、产量大、块度大，质地透明、半透明、不透明，颜色好，有红、黄、白、褐、蓝、绿，琥珀品种繁多，常形成含各种动植物包体的琥珀。

二、波兰琥珀

琥珀花是波兰琥珀独有特点，其美丽程度是其他产地的琥珀望尘莫及的。琥珀花形成的原因与琥珀内部含有的极其微量的空气和水有关，这些微小的气泡肉眼是看不到的，在埋藏于地下时受到一定的地热和地下压力作用而膨胀产生的。受到地热的琥珀会更加透明，更加晶莹剔透。据说由于波罗的海与北冰洋相通，海水温度很低，这使得产自于当地的琥珀质地细腻，晶莹剔透，色彩斑斓。波兰的琥珀产量最大，其他波罗的海地区虽然也有但是相对产量少得多。

波兰琥珀的特点如下：

（1）少见大块。就是因为波兰琥珀在加热优化过程（即压清、压固）中，表面浅层融化裂纹消失，当材料过大过厚，里面的裂纹就没有办法消除（除非完全融化），因此波兰琥珀成品多为小件、薄件；很多波兰琥珀成品也保留着所谓"原皮"，让买家相信它是天然的，其实，由于波兰琥珀质软、熔点很低，在优化过程中同样可以形成"原皮"。

（2）波兰琥珀中的血珀。波兰的血珀都是金珀经过烤色而变成了"血珀"，仔细观察只是表面红，内部仍然是黄色。这种烤色的红皮金珀，侧面透光观察，分界线规则明显，并常带特有的混浊状晕散光带。

（3）波兰琥珀的花珀多而漂亮又雷同一致。市面上所谓的波罗的海花珀，其实都是将波罗的海琥珀投入到200℃左右的油中加热，琥珀遇热炸裂后再染色形成的。

（4）波兰琥珀杂质很少。优化技术成熟，大部分琥珀经过压清处理，使内部变得干净。

近年来有人尝试优化缅甸、多尼米加、墨西哥等地的琥珀，但是，由于这些琥珀硬度高、致密度高等，这些品种的琥珀加热到一定温度后不是变软融化，而是炸裂，成功率较低，所以，目前市面上这些品种琥珀的优化品少见。

三、乌克兰琥珀

乌克兰琥珀的储藏量很大，约占世界储量的 90%，每年开采千吨左右，宝石级琥珀占 50% 左右，并且产出大量的硬树脂。

乌克兰琥珀压清

此外，波罗的海沿岸国家德国、立陶宛、芬兰、瑞典、俄罗斯等都有琥珀产出。

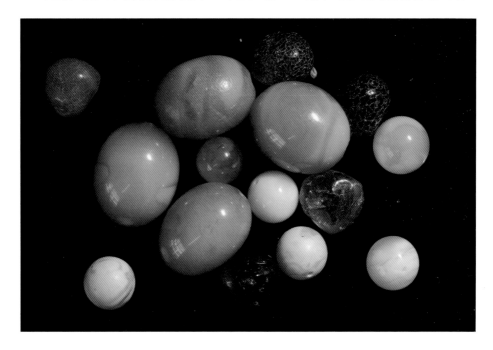

四、意大利琥珀

意大利的西西里岛不仅风光旖旎，也出产美丽的琥珀。这里的琥珀多为橘色或红色，也有部分绿色、蓝色和黑色，甚至有紫色调。这里是蓝珀和绿珀的重要产地，多为晶莹剔透，蜜蜡较少见。西西里岛琥珀形成的地质年代介于晚白垩纪到古新世纪之间，距今 6000 万至 9000 万年。这里的琥珀个头不大，带有荧光的琥珀特别珍贵，只是随着时间的推移，其中的荧光会逐渐减弱。

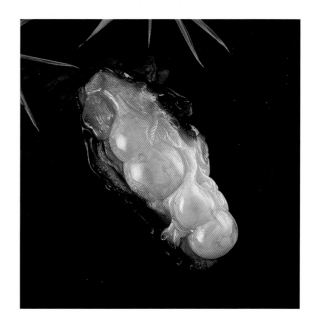

五、罗马尼亚琥珀

罗马尼亚琥珀颜色非常多，有棕色、深棕色、黄色、黄褐色、深绿色、深红色和黑色等。罗马尼亚琥珀的颜色一般较深，原因是琥珀矿区含有大量的煤和黄铁矿，这些煤和黄铁矿会加深琥珀的颜色。罗马尼亚琥珀有几个特殊的品种：一是棕绿色琥珀，其颜色介于棕色和绿色之间，这种颜色的琥珀在其他产地是没有的。熔点在 300 ~ 310℃之间，燃烧时会发出呛鼻的硫磺气味。二是黑色琥珀，其颜色为黑色，但是在黄光照射下会呈现枣红色，这种琥珀较为珍贵。三是红棕色琥珀，这种琥珀在紫外线照射下会产生蓝色荧光。罗马尼亚琥珀的密度相对较低，一般为 1.048 g/cm³。

罗马尼亚出产的琥珀颜色之多居世界之首，但都属于深色系列。该国最为珍贵的是黑琥珀(Dark Amber)，其颜色近于赤黑，但在灯光照射下会呈现枣红色泽，也就是国人所称的翳珀。罗马尼亚出产的琥珀价格曾一度高居欧美市场之首，年代久远的罗马尼亚琥珀艺术品非常值得收藏。

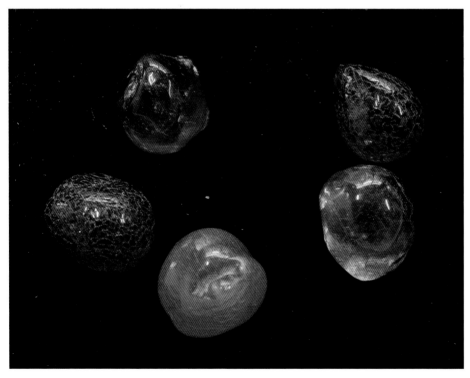

德国老琥珀

六、波罗的海琥珀颜色分类及其成因

　　2000 多年前的古罗马学者老普林尼曾经对琥珀的颜色有过以下论述：无论是白色琥珀（通常伴有香味）还是黄色及暗色的不透明琥珀，都比不上透明而有光泽的琥珀价值高。当你拿着这样一片琥珀靠近火焰，会发现它反射出的光芒比火焰本身更明亮。最受欢迎的类型是白葡萄酒色调的透明琥珀，价格也最高，把琥珀浸入混合着朱草染料的热羊油中，可以使它变得更白。（看来在那个时代，审美观和现在正相反，现在都是烤色加深。）

　　波罗的海琥珀通常呈现黄色或者浅黄色。琥珀的颜色范围从白色、黄色、棕色一直到红色。其他的还有绿色、蓝色、灰色甚至是黑色。还包括一些介于这些颜色之间的色调。琥珀可以是完全透明或者完全不透明的。一块琥珀上不一定只有一种颜色，可能包括两种或者两种以上的颜色及色调，这些不同的颜色有的能组成媲美艺术大师作品的图案。正因为如此，琥珀成为一种独特的富于变化魅力的宝石。

　　树脂是琥珀的主要矿物成分，是一种透明浅黄色的物质，其颜色就像新鲜的蜂蜜。树脂本身的颜色在它形成（清澈的）琥珀之后仍然保持着，除非受到了以下因素的影响：

　　（1）树脂因为挥发的原因而变混浊，由于蒸发作用的原因，色调会从黄色变浅直至纯白色。

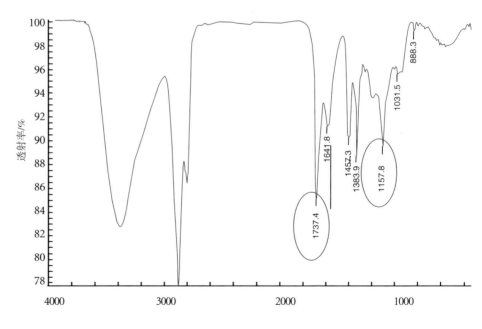

波数/cm⁻¹

　　　　　　　　　　　　　　　　　　　　　　　　波罗的海琥珀的红外光谱图

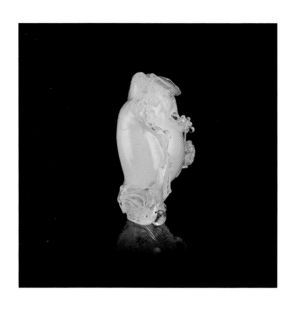

（2）外来的化合物混入树脂之中，化合物的颜色影响到琥珀的颜色，使之改变成蓝色、绿色、黑色或者棕色。

（3）氧化作用可以使琥珀的颜色变暗，并且使原先的颜色变深，例如红色、黑色、深黄色。

外来化合物的颜色、树脂本身颜色及琥珀中微小气泡的分布共同影响着琥珀的颜色。有时不透明度会影响到琥珀对光的反射，从而造成一些特殊的色调。

下面分别介绍琥珀的分类及其成因。

1. 按透明度来分

透明带黄色调这种颜色可以被称为原始色——新鲜的树脂就是这种颜色。所有琥珀中大约有 10% 是这种透明琥珀，但是多数情况下是小块的，大而透明的琥珀非常珍贵。透明琥珀的色调可以从黄色到暗红色，颜色的深浅取决于氧化的程度。透明琥珀内部经常能发现叶状的包裹体。

（1）透明琥珀

成因：当树脂是在一个荫凉的部位产生时，最后所形成的琥珀会成为透明琥珀。因为这种情况下树脂挥发得非常缓慢，不会产生大量小气泡而使琥珀变混浊，从而保持了透明的状态。如果树脂是连续不断流出并互相叠合在一起，则会在琥珀中形成许多叶状结构——琥珀中常见的包裹体。

（2）不透明琥珀

由于琥珀在形成时内部含有大量的气泡，使得琥珀的透明度变差甚至不透明。这种琥珀经过优化处理也可变得透明，也就是经过压清处理。

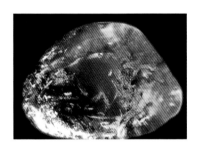

波罗的海鹅黄蜜蜡

2. 按颜色来分

（1）红色琥珀

天然形成的红色琥珀极其稀少，大概占总量的 0.5%。红色调的变化范围在橙色和黑色之间。这种颜色的琥珀大多数是靠人工热处理来获得的（加速氧化作用）。

成因：空气中的自然氧化作用会逐步改变琥珀的颜色，透明琥珀可以变得更红，黄色或者其他颜色的琥珀会变深变浓。这是一个非常漫长的过程，能被注意到的颜色改变大概需要50～70年时间。"老"琥珀的价值比较高是因为它经过了时间的历练，有"成熟"的感觉。

波罗的海烤色琥珀也叫波罗的海血珀。是经人工烤色形成的外表为红色的琥珀。

（2）黄色琥珀

黄色是最为常见的琥珀颜色，大约占总数

波罗的海红色琥珀（图片来源于网络）

波罗的海烤色

的 70%。这种颜色的琥珀是指具有不同黄色调的不透明云雾状琥珀，黄色是天然本色琥珀的标志性颜色。

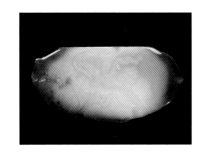

成因：与透明琥珀的形成原因相反，黄色琥珀是因为树脂在被太阳照射的地方渗出，由于脱水产生了大量微小气泡而造成。琥珀中的气泡将光线散射，从而使琥珀呈现不透明的淡黄色。黄色琥珀中每立方毫米大约有 2500 个直径为 0.0500 ~ 0.0025 mm 的微小气泡。气泡的数量越多，琥珀的颜色越浅。

（3）白色琥珀

白色琥珀也是很稀少的琥珀品种，占总量的 1% ~ 2%。以其天然多变的纹路为特征。这种琥珀也被称为"皇家琥珀"或者"骨珀"。它可以与多种颜色伴生（例如黄色、黑色、蓝色、绿色、透明），形成有趣的图案。

成因：当树脂在烈日下暴晒时，会发生强烈的挥发反应，并被高度浓缩。在内部产生大量的泡沫。每立方毫米容纳的气泡数可以达到 100 万个，直径为 0.001 ~ 0.0008 mm，从而使琥珀变成白色。与其他琥珀伴生的原因可以解释为，形成那块琥珀的树脂不是一次流出的。例如：第一次流出的树脂遇上了阴天而没有产生泡沫，但是后来又和其他有泡沫或者含有其他物质的树脂相混合并稳定下来，形成了最终琥珀的模样。

（4）蓝色琥珀

蓝色琥珀是最为稀少、最有价值的琥珀，仅占总量的 0.2%。这种颜色的琥珀最有可能与白色琥珀伴生。

成因：当树脂从树皮中流出时（通常已经产生了泡沫）与含有硫化铁（FeS_2）的物质相混

合，硫化铁会侵入树脂的微小裂隙中，这些侵入物质改变了反射光谱，从而使琥珀具有蓝色调。经常可以在白琥珀中发现蓝琥珀。

（5）绿色琥珀

绿色琥珀也是很稀少的一种琥珀，约占琥珀总量的2%。其中绿色透明的琥珀最为有趣，因为它具有"糖结构"。

成因：当琥珀中混合了微小的植物残渣或者其中的硫化铁矿物被较厚的透明琥珀所遮挡时会呈现出绿色。

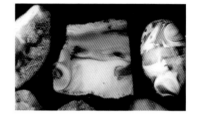

（6）黑色琥珀

黑色琥珀是比较常见的琥珀品种，约占15%。它的魅力源于天然——大部分黑色琥珀的形成原因是由于内部含有树皮或者其他植物残骸。

成因：这种琥珀是彻底地混合了树皮或者其他植物残骸而形成的。有时它们只含有10% ~ 15%的树脂成分，其他部分都是混合物成分。

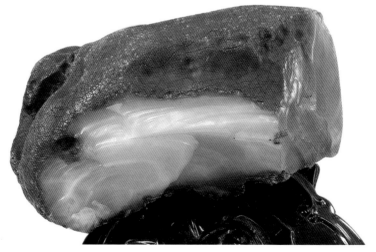

波罗的海蜜蜡原石表面有烤色

七、琥珀与蜜蜡的形成及演变

琥珀的原石形态为柱状，由多股树脂流出叠加形成。多为透明，经常有明显分层，有昆虫和灰尘等包裹物。也有滴状形态，即单滴树脂。透明琥珀和蜜蜡兼有片状或结节状，积聚于树皮下的树干空隙或枝干受伤凹处，大部分为半珀半蜜或骨珀，无包裹物。因此可以猜想，植物体一开始分泌的都是不透明的树脂，在外界作用下慢慢变得透明。硬化到一定程度时，结构不再变化，就固定下来了。所以琥珀是否透明，主要在于其形成时的条件。

如骨珀中含有大量的小泡，直径为 0.2 ～ 0.8 μm，密度可达 900 个 /mm³。琥珀的压清加工是采用高温高压使得加工过程中的油进入空腔，而此油的折射率和琥珀本体几乎一致，因此呈现出清澈的效果。所以，少量漂蜜的琥珀把玩日久后反而使蜜有所增加，可能是小空腔中液体挥发，空腔显现的结果。但是就个人经验来说，好像也有点"蜜蜡玩久了会倾向透明"的印象。

至于琥珀蜜蜡的形成时间，一般来说从 2 千万到上亿年。根据产地不同，有一定差异。常见琥珀产地的年代排序为：多米尼加≦墨西哥 < 波罗的海 < 中国抚顺 < 缅甸。

蜜蜡是琥珀的一种，是由远古树脂经地质运动，埋藏及高温高压等现象后石化而成的。蜜蜡显现出来的常规状态有以下几种：

（1）满蜜或全蜜，即形成琥珀化石后，直观可见琥珀标本中蜜蜡状物质与通透状物质所占比例为 90% ～ 95%。

（2）水蜜，蜜蜡状物质含量在琥珀整体中占 5%～90% 的琥珀，通常叫作水蜜琥珀。

（3）漂蜜或"漂蜡"，少量的蜜蜡状物质包含或存在于琥珀中，直观形态好似在琥珀中流淌或漂动，通常占总量的 5% 以下，更有甚者漂蜜琥珀中只有浅浅的几道丝线状蜜蜡物质显现。

缅甸金珀与棕红珀的混合

第二节　美洲地区

一、多米尼加琥珀

美洲是琥珀的第二个重要产区，其中多米尼加是最著名的琥珀产地之一，也是世界上为数极少的矿珀产地之一。多米尼加共和国位于拉丁美洲的西印度群岛中部的伊斯帕尼奥拉岛（即海地岛），坐落于中美洲的加勒比海与北大西洋之间。这里的琥珀产地主要有两个：多米尼加北部的 Santiago de los Caballeros 和东部的 Santo Domingo。形成的年代距今大约 3000 多万年，一般认为多米尼加琥珀年代是从渐新世到中新世（1000～3000 万年前），但对其准确年代目前仍存在争议。

多米尼加琥珀中保存了大量热带森林生物化石，其中的化石主要分为五类：原核生物、原生生物、真菌、高等植物、动物。多米尼加琥珀中保存的生物结构很好，甚至还有可以萃取的 DNA 保留。当然，这些 DNA 已经是降解过的片段了。想要从片断中恢复一种生物的完整 DNA，是很困难的。

多米尼加琥珀是由一种角豆树的树脂产生的。角豆树产生这些树脂原本是为了驱赶靠近的昆虫和防止真菌的生长，没想到树脂却反而成为了保存昆虫的完美包覆体。琥珀树的很多部位都能分泌树脂，包括花瓣的、叶子的、果实、枝条和树皮。琥珀树花瓣上的点状斑纹，就是它分泌树脂的器官。角豆的花萼也可以在琥珀里看到，但角豆的花很大，琥珀里几乎看不到完整保存的花朵。由于琥珀树能在垂直方向贯穿森林，又有多个部位能分泌树脂，所以它往往能包裹并保存下来很多森林中的物种，也为我们还原那个失落的远古森林提供了尽可能多的琥珀化石样本。

多米尼加琥珀产地的特点是可以产出真正的蓝珀（体色本身就是蓝色）和幻彩最好的蓝珀，即多米尼加的琥珀以蓝珀最为著名。多米尼加蓝珀在白光下就能呈现强烈的紫蓝色光彩。这种"蓝"色是因为琥珀晶体内特有的碳氢化合物，含有这种物质的琥珀树种主要为多米尼加境内生长的豆科古植物。一般常见的波兰琥珀、国产琥珀是没这种效应的。另有带蓝光（即幻彩）的琥珀在缅甸、墨西哥也有产出，但这种所谓"蓝珀"，实际上为黄红色的琥珀，仅是紫外光下呈些许蓝色。

多米尼加的琥珀比较极端，往往要么是特别纯净，要么是杂质非常多。但纯净的多米尼加蓝珀非常少，常只能做成小的珠子。多米尼加琥珀的另一特点是常含有各种生物，有千奇百怪的珍贵昆虫化石，还有植物的花及叶，鸟的羽毛及哺乳动物的毛发。多米尼加琥珀内亦曾发现蜥蜴、青蛙等较大型生物，但为数极少。多米尼加的虫珀质量上乘，内含物品种丰富，虫体保存完好，成为虫珀收藏中的精品。由于其形成的地质条件不同，多米尼加产出的琥珀除了各种黄色之外，还有非常珍贵的蓝琥珀、绿琥珀、红琥珀和樱桃色琥珀,即蓝珀、金珀、血珀、翳珀。这四种琥珀基本上都带有蓝色的幻彩,广义上讲都是蓝珀。产出最多的是金珀,几乎大部分的多米尼加琥珀都是金珀。整体上看是明显蜜黄色的体色,表面对光的部分呈现蓝色。这种蓝色在太阳光或明亮的白灯下显得更为明显,并会随着光照射角度的变化而灵活地移动。若将其放在荧光灯下,则会呈明亮的带紫色或带绿色调的白垩状蓝色荧光。蓝珀无论是原料还是成品,其荧光反应比普通琥珀要强得多。通常,长波下的荧光明显比短波下的荧光强。在长波下呈明亮的垩蓝白色荧光,相当一部分还带有黄绿色调,有些甚至还呈蓝紫色、蓝绿色。在短波下普遍呈弱绿或暗绿色,与普通琥珀的区别不是很大。据推断,蓝琥珀的蓝色与一种挥发物有关,这种挥发物吸收并反射紫外线而成蓝色或绿色,与色素无关。这种反应也是检测蓝珀的最重要方法。

蓝珀的原料大体与普通琥珀的原料形状相似,呈饼状、肾状、瘤状和柱状,尤以扁平饼状居多。蓝珀并没有像其他琥珀那样具有较为疏松的表面,其表面多呈不规则状,凹凸不同,而且相对更坚硬些。在蓝珀中所观察到的内部特征比通常所见的普通琥珀的内部特征相对要少。像常见的球形、水滴形气泡以及由成串拉长气泡组成的流动线在蓝珀中都不容易发现。通常观察到的是一些假骸晶的天然特征,呈漏斗、树枝或羽毛状,不太规则(估计这与溶质浓度不均匀有关系)。据了解,在加工工艺中,如果使用高压优化处理可以消除这类蓝珀的内部特征以达到净化的目的。不过琥珀具有天然独特的芳香味,通过摩擦起热,确实可以与其他树脂或非树脂类的仿品区分开来(原料上使用热针测试更容易奏效),摩擦多米尼加琥珀表面可以闻到淡淡的豆科植物香味。

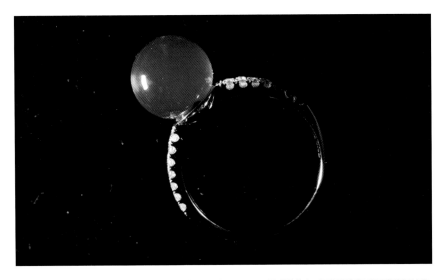

银河的月,照我楼上,月华留影,洒下清冷的蓝光,深蓝的碧空下卷起海潮的波音。

多米尼加蓝珀色彩协调又丰富，随着光线变幻，会呈现出蓝绿黄紫褐等五种以上颜色，且幻彩间充满层次的变化。据推断，梦幻的蓝色光泽源于火山爆发等因素。蓝珀仅产于多米尼加共和国及墨西哥的恰帕斯（Chiapas）州，由于恰帕斯地区连年的游击战争，目前多米尼加共和国已经变成蓝珀的唯一产地。蓝珀美丽的光学效应以及稀少性奠定了它的琥珀霸主地位，典雅高贵，宛如清凉的海水、蔚蓝的天空，令人心旷神怡。

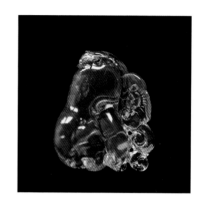

多米尼加琥珀的幻彩色可以出现从蓝色—绿蓝色—蓝绿色—绿色等一系列过渡中的颜色组合，并且这些幻彩的颜色色调及深浅也都各自有变化。完全无幻彩的多米尼加琥珀反而少见。

一直以来，静谧的蓝都被人们所神往，而多米尼加的蓝珀给人们的印象就是这种浑然天成的蓝，安详中透着神秘，含蓄中高贵不凡。极少数蓝珀即使在普通光线下本身就几乎都是蓝带紫色、蓝带绿色或天空蓝色等。

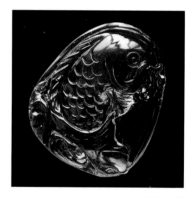

多米尼加绿蓝

多米尼加琥珀幻彩多数含有较多的蓝色调，也有蓝色的幻彩里含有绿色调，纯正的绿色幻彩少见。一般来讲，纯正的蓝色幻彩琥珀价值最高，尤其"天空蓝"琥珀，是蓝珀当中的极品。相对来说，含有绿色色调的幻彩琥珀价值较低，当然价值的高低还要看琥珀的体色、透明度、净度、体积大小等。

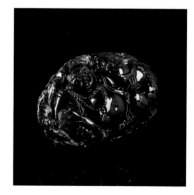

多米尼加深蓝

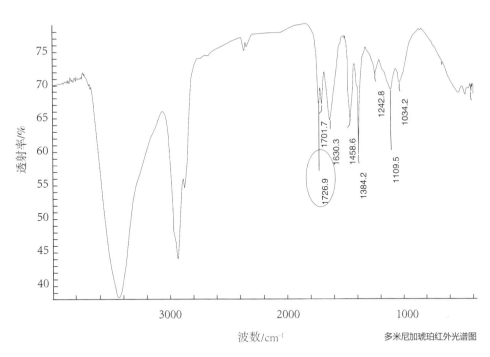

多米尼加琥珀红外光谱图

多米尼加蓝绿

在源光下体现出蓝色，多米尼加的随便一块琥珀都可以达到，但是想要看到多米尼加琥珀的真正价值则非日光不可，日光灯、手电筒、节能灯、镁光灯、紫光灯都不如日光。若将一块蓝琥珀置于白色平面（如一张白纸）上，当阳光照射到蓝琥珀时，大量的光则会穿过半透明的琥珀晶体被白纸反射，从而呈现出淡蓝的色调。倘若换用黑底色来衬托，大部分光线都被黑底色的物体吸收，而其余光线则被琥珀本身的晶体反射入观察者的双眼。在琥珀晶体内丰富的碳氢化合物的作用下，阳光的紫外光线被转化为蓝琥珀著名的青蓝色调。这种奇特的碳氢化合物的反射作用仅能在紫外线下观察到，若换用不含紫外光线的人造光就照耀不出琥珀的青蓝，而呈现在观察者眼前的只是一块黄褐色的普通琥珀，不足为奇。

二、墨西哥琥珀

墨西哥蓝珀主要产于恰帕斯州，恰帕斯州在墨西哥的东南部，与危地马拉接壤。恰帕斯是著名的世界第三大琥珀矿藏产地，平均每月开采琥珀 292 Kg，占墨西哥全国琥珀产量的90%。

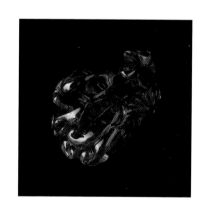

墨西哥琥珀和多米尼加琥珀属于同种，即都是由豆科类植物的树脂形成的，同属加勒比海地区，但墨西哥琥珀的颜色比多米尼加琥珀更丰富。

墨西哥琥珀的矿皮一般比多米尼加的薄，以蓝绿色居多，也有纯蓝色的。

墨西哥琥珀在很多方面都与多米尼加琥珀相似，高度重合的生态位，使得这两种琥珀的竞争尤为激烈。

按国际市场认知来说，墨西哥蓝珀和多米尼加蓝珀并没有太多的联系，它们是两个独立的品种。就这两个品种而言，孰优孰劣是无法定论的。然而驱使其价格高低因素是一样的，那就是稀缺性、颜色和透明度。这两种蓝珀都很稀缺，墨西哥蓝珀只在其东南部的恰帕斯州出产，应该说其产量更低。有点矛盾的是，杂质多的蓝珀颜色更深（蓝），而透明度降低。从实际价格来看，最高品质的蓝珀，即使其折射的蓝光较淡，却都是极其透明的，其本身的颜色基本为浅黄。多米尼加蓝珀虽然较墨西哥蓝珀产量多些，但普遍含杂质较多，非常纯净的极少。墨西哥蓝珀却以颜色和透明度闻名，也就是说墨西哥高品质蓝珀的比例应该比多米尼加蓝珀更多些。总体而言，这两种蓝珀无论品质高低，年产量都很低，物以稀为贵，因而造成其价格比其他品种如波罗的海琥珀要高出很多。另外，波罗的海琥珀成品很多是通过加热优化的手段增加其颜色及透明度，而蓝珀是纯自然状态下的，不需要优化。由于蓝珀被多米尼加奉为国宝并禁止出口，所以优质大件的产品在国际市场上价格昂贵。目前，在多米尼加开采蓝琥珀的多为中国台湾省的人，它是开采煤矿的副产品（也有以开采煤矿为幌子的）。

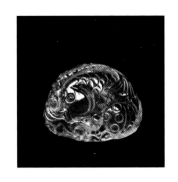

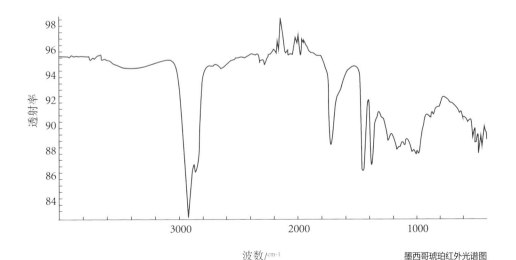

波数/cm-1

墨西哥琥珀红外光谱图

墨西哥红蓝琥珀

第三节　缅甸

缅甸琥珀是缅甸北部的 Hukawng 峡谷和靠印度边境的地区出产的。

一、缅甸琥珀的特点

除了波罗的海地区以外，缅甸也是世界上重要的琥珀产地之一，是亚洲琥珀的最重要来源。缅甸琥珀的颜色大多偏棕红，主要是暗橘或暗红色，一般没有波罗的海琥珀那种明黄的色调。缅甸琥珀中最贵重者为明净的樱桃红，这种樱桃红琥珀非常稀少，近似于血珀但更加艳红，是琥珀中的珍品。缅甸琥珀中常含有方解石，这是它的一大特点。由于方解石的存在，使琥珀的组织致密、硬度增大，并且使有些原本较深色的琥珀形成犹如大理石般乳黄与棕黄交杂的纹理，是深受我国工艺大师喜爱的巧雕素材。缅甸琥珀多数开采于 20 世纪初的北缅甸 Hukawng 谷中，估计缅甸琥珀的年龄在 6000 万到 1.2 亿年。

缅甸琥珀属于矿珀类，摩氏硬度介于 3 ~ 4 左右，其硬度是所有琥珀中最高的，且致密。它的密度约为 $1.034 ~ 1.095 \, g/cm^3$ 之间，折射率为 1.54。缅甸琥珀属于第三纪下层始新世 (Eocence) 的树脂化石，当时土层中的方解石、黄铁矿的矿物质成分，使整块琥珀在不同角度呈现出橙红的光泽，所以就有了浅色缅甸琥珀时间久了会变成橙红色的说法。由于树脂流动时卷入树皮上沙尘状物质，大多会形成深棕色颗粒状且有波动感的云雾状流纹，这是缅甸琥珀区别于其他琥珀的主要鉴别特征。由于缅甸琥珀矿化年代较为久远，大约为一亿年，同时经过地壳的运动，含有大量的碳氢化合物，并且琥珀成分中含有芳香烃、萘类衍生物，所以缅甸琥珀大多是褐红色的，同时在阳光下会呈现蓝色、紫色等光彩。缅甸琥珀常见高的荧光性的品种，在紫外光下的幻彩以蓝色和绿色为主，比较特殊的缅甸根珀（类似于中国抚顺的花珀），散发的荧光介于黄色和橙色之间。缅甸琥珀原矿裂纹多，还常有方解石细脉充填裂隙，所以成品率低。颜色通常为微褐黄色至暗褐红色，有些接近于淡黄色至橙黄色，老化后成红色。缅甸琥珀易于把玩，较其他品种琥珀的手感较水润，年代越久颜色越红、越透鲜亮。缅甸琥珀尤其以血珀、紫罗兰色最为珍贵。

在缅甸琥珀原矿里有很多像雨滴一样的石头或灰形成的东西，有的陷进琥珀中很深，若将这些东西完全去掉，琥珀只能剩下一半。其原因是当时在形成琥珀的地方附近有很多火山，火山爆发所喷出的岩浆冲上天，然后再像下雨一样掉落下来，落在琥珀上。由于岩浆很烫，或者有的树脂还没凝固，所以就深深地陷入琥珀中。这也是缅甸琥珀的特点之一，从成品琥珀上这些下陷的凹点可以明确地判断出是缅甸琥珀。

缅甸红茶珀手镯

二、缅甸琥珀的分类

商家关于缅甸琥珀的分类主要有：金珀、棕红珀、血珀、柳青珀、紫罗兰珀、根珀、翳珀等。这种分类是按照波罗的海或者抚顺琥珀的思维方式进行的，其缺点是不能涵盖缅甸琥珀的所有种类。实际上，缅甸琥珀的个体差别，特别是色彩差异很大，分得越细，越不利于正确认识缅甸琥珀的性质。

缅甸金蓝珀

1. 金色琥珀

金色的琥珀在白光及自然光下呈现漂亮的蓝光，这种琥珀透明度高，基底纯净，蓝光强者可谓金珀中的极品。

金珀主要有淡黄色、正黄色、黄偏红色、黄偏绿色（柳青珀）、茶水色（多数为绿珀）、偏蓝色（所谓的蓝珀）等，包括现在商家所说的金蓝珀、金绿珀、淡色柳青珀、茶色珀等。总的特点是透明度高、矿皮薄、有气泡，多数形成年代较短。

金珀的主要特点：

（1）透明度高，多数透明度为100%，少数为90%以上。

（2）色彩主调为黄色，珀内没有由棕红或者红色斑点组成的云雾状流纹。但净度稍低的珀内，有时有红色的生物遗迹的流淌纹。

（3）荧光为亮蓝白，偏白的成分多。

（4）或多或少有机油光，偏紫、蓝、绿蓝等，按照色彩和机油光不同，具体可分为：

① 蓝光琥珀，即金蓝珀。浅黄或者微黄的琥珀，表面有偏蓝幻彩的琥珀。缅甸金蓝珀的幻彩多数是蓝绿或者蓝紫。

② 绿光琥珀，也叫金绿珀。浅黄或者微黄的琥珀，表面有偏绿幻彩的琥珀。

③ 绿珀（柳青珀），即珀体为黄绿色。机油光偏粉紫、紫粉、紫红等。

④ 茶色珀。与柳青珀相近，但机油光浓，色彩为茶水色，黄色重一点。

⑤ 黄橙色珀。这种琥珀的黄色饱和度高，虽然透明度高，但是往往不很净，里面有红色流淌纹（非棕色颗粒）。这种珀和抚顺的金珀色彩很像。

⑥ 透明度稍差的金珀。透明度差的原因是珀内有细密分布的黄色颗粒，其机油光偏紫红，但珀的色调为棕黄色。

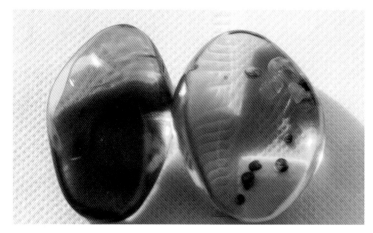

左侧的为黄橙色

2. 红色琥珀

红色琥珀，即氧化琥珀。包括透明的血珀、不透明的翳珀和血珀蜜蜡。红色琥珀埋藏较浅（最浅的离地表 1 ～ 2 m）它是从金珀和棕色珀氧化而来的，逐渐变成红色、血红色或者深红色，表面通常有一些如同冰裂的风化纹路，这是血珀的特征之一。血珀有多种，主要有橙红色、表皮红芯不红、表皮红芯也红、表皮黑芯深红等。但大部分的血珀氧化得不够彻底，常见表皮至近表皮为红色，而中心仍是棕黄或者金黄色。紫光灯下表面通常覆盖深黄色、黄绿色或深绿色荧光。

红色琥珀的主要特点：

（1）矿皮较厚，主要原因是琥珀的氧化层较厚，磨后的裸石常有风化纹。

（2）荧光为偏白色的蓝绿或者褐绿色。

（3）日光下的色彩鲜艳，属于典型的日光型琥珀。

（4）质脆，适合珠宝镶嵌。

红色琥珀又可分为以下二类：

一是由金珀氧化而来的红琥珀，具体类别有：

① 橙红色琥珀。氧化较浅的，即表面红而芯为橙色，或整体为橙红色的琥珀。这种琥珀有时荧光带蓝色。这种琥珀有时并不被称为"血珀"，主要理由是不够红，但多数人仍认为其为血珀的一种。对于红色较浅淡的，有时还被称为"金红珀"。

② 鲜红色或樱桃红色琥珀。氧化程度适中，是典型的血珀。

③ 深红色琥珀。氧化程度较高的琥珀。整体呈现黑红，透光下为深酒红色，有人称之为血珀，有人则称之为翳珀。净度通常一般，也有部分深红色琥珀可以达到净水级别。

④ 一种特殊的红琥珀，其中同时出现的黄、红、蓝等色彩表明了血珀与金珀的关系。有人将这种琥珀称为"蓝血珀"。

二是由棕色调琥珀氧化而来的红琥珀，即由金棕色、棕红和棕色等氧化而来的琥珀，其中色彩鲜艳的，可称为"血珀"。其特点是：

① 色彩没有金珀氧化后的效果鲜艳。

② 红的色彩以橙红或者暗红色为主，透明度越低的琥珀，顺光下看褐越浓。

③ 荧光与金珀氧化后的红琥珀接近，但是褐色稍重一些。

具体类别有：

① 橙红色。这种琥珀几乎不含棕色，但是珀质不够通透，呈现棕珀特有的混浊感。有人称之为"血棕珀"，也有人称之为"金红珀"。

② 鲜红色。逆光下有黄色调，珀芯为黄色。

③ 暗红色。珀中有暗纹，其实就是氧化前棕色珀中的云雾状流纹。

④ 棕红色。这种珀基本半透明状，棕色调重，顺光下只能看出一点暗红，只在逆光下才看出红色。这种珀的矿皮和血珀的矿皮非常近似，有的商家也把这种琥珀称为血珀。

棕珀中的"金红"

暗红色和浅咖啡色的对比

⑤ 一件无法准确分类的红色琥珀。此珀很有"特点"：如果认为是翳珀，则珀体不够黑；如果认为是血珀，珀体不透明；如果认为是蜜蜡，则又太红。姑且称之为红蜜蜡。

3. 棕色琥珀

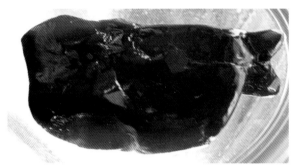 

棕色琥珀，即以棕色调为主的缅甸琥珀。这类琥珀在缅甸琥珀中占很大的数量，但不易分类，命名争议较多。包括云南商家所说的棕红珀、紫罗兰珀、紫蓝珀、酱油珀、蜜蜡等。

年代相对较长，体色主要有黄色、棕色、棕红色、红棕色等，常被称为金棕珀、棕红珀和罕见的绿棕珀。金棕珀是指介入棕红珀和金珀之间的一种较透明琥珀，也就是带有流淌纹或者斑点的较透明琥珀。透明度从半透明到基本透明的都有，体色从淡棕红色到微黄色的都有，决定品质的因素主要是透明度。金棕珀的品质一般比棕红珀好，但是和纯金珀仍有差别。绿棕珀是棕珀的变种，半透明，阳光下泛绿色。总体的特点是：

① 透明度没有金珀高，大部分珀仅为半透明，透明度不足50%。透明度低的一个重要原因是琥珀内经常出现棕红或者红色的云雾状颗粒或流纹。

② 每块琥珀色彩变化大，机油光强。在灯光和日光下的色彩差别很大，但都含有棕色调（在灯光下看明显）。

③ 荧光虽然仍是蓝白色，但偏蓝色重，常有白光覆盖表面。

棕色琥珀的品种及其特点为：

① 黄棕色珀。黄－棕珀的色调，整体仍为黄色，但珀内有棕色的云雾状纹理和斑点。具体有：

● 透明度高于80%的黄棕色珀。部分商家认为这类琥珀也是"金珀"，特别是做成珠子后。

● 半透明（50%以上）的黄棕珀。机油光为"紫红色"，像紫罗兰色彩，非常漂亮。有的商家称这种珀为"紫罗兰珀"。

● 蓝紫机油光的黄棕色珀。透明度较高，有的商家认为是"蓝珀"的一种。

● 黄色蜜蜡，黄棕珀的特例。

② 纯棕色珀。特点是在日光或者灯光下看都是棕色的，机油光淡；荧光为蓝色；透明度较低；逆光下看多数为带黄的棕红。

③ 棕红色珀。珀内的棕色和红色都非常明显。特点是逆光下由红色、棕色和少量的黄色组成，但色调明显是红棕色的。机油光多为紫红色或者紫蓝色。

④ 棕红珀的变种——紫罗兰珀。紫罗兰珀是缅甸琥珀的特有品种，是未天然氧化的棕红珀的一种变种，这种琥珀幻彩色以紫色为主，体色都是棕褐色基调。由于部分远古树脂流动时卷入树皮上的沙尘状物质，形成具有波动感的云雾状流纹及较混浊的珀体，故整体透明度不高，多数半透明，阳光下呈现紫罗兰色，明显泛着蓝或紫色的光（云南地区称为"机油光"）（机油光：机器用的机油在日光下可见表面有一层泛着蓝色或紫色的光）。机油光珀通常偏棕红，另一些较深色的紫蓝珀，也称为"酱油珀"，因其灯光下色彩为棕色或者深棕色，类似于酱油的颜色。这类琥珀荧光反应很强，尤其日光下看，表面常有强烈的白光，紫光灯下蓝白色。主要品种有二种：

一是紫罗兰珀，即紫色机油光琥珀，包括紫蓝色或紫红色机油光，紫与蓝或紫与红相间的琥珀。

二是酱油珀，包括紫药水色的紫黑珀，蓝色机油光的蓝黑珀及部分绿蓝色机油光琥珀。

⑤ 缅甸棕珀中还包括所有棕色调的蜜蜡，有棕黄蜜蜡、棕红蜜蜡、半珀半蜜等品种。

4. 根珀

这是一种不透明的琥珀，其中含有方解石，

缅甸棕红珀
机油光为紫红的棕红珀，阳光下是红色的，阴天顺光下为紫红

缅甸棕红紫罗兰珀
泛紫色或者紫蓝色的紫罗兰珀

主要有半根半珀、全根珀等，深棕色或者黑色
交杂白色的斑驳纹理（也有乳黄与棕黄交错的
颜色），去皮抛光后会有大理石一样的花纹。紫
光灯下荧光反应不明显，呈现淡黄色或者淡蓝
色。这种珀比较好识别，色彩差别很大。主要
有两种：

（1）半根半珀，即根和珀掺半。在根珀中，
这种珀相对于全根珀，价格略高些。

（2）全根珀。只有根无珀。

5. 黑色琥珀

即通常所说的翳珀。翳珀的"黑"是指在
正常的光线下是赤黑色或接近黑色，强光的照
射下为血赤色。有人认为翳珀就是一种深色血
珀，古籍中记载，翳珀为"众珀之长，琥珀之圣"，
国外也称为黑琥珀。它有三个显著特点：色黑、
目视不透明，透光红色。高品质的翳珀油性特
别重，色润而清，质地细腻柔润，是十分稀有
的品种。它的紫光灯反应和血珀接近，呈深黄
色、深绿色或者黄绿色，有些黑色或者深棕色
的琥珀虽然强光下呈现明亮的血红或者深红色，
但内部杂质过多，品质较差。目前所见到的黑
色琥珀只限于已经氧化的、荧光为褐绿蓝色的
微透明琥珀。至于有没有荧光是蓝色的黑琥珀，
目前尚未见到。

缅甸翳珀
已经氧化的黑琥珀

6. 缅甸虫珀

以蜂、双翅的蚊虻蝇、蜘蛛和各种甲虫为
多，蚂蚁极少。昆虫体型大，与中国抚顺琥珀
中的昆虫相比，各种昆虫的体型都要大 2 ～ 3
倍。虽然珀内昆虫碎片多，一些珀呈半透明状，
但是昆虫的体态完整、美观，不干瘪，碳化程
度比抚顺昆虫要低，与多米尼加珀近似。特别
是金珀，其昆虫保存状态更好。很多古老的缅

甸昆虫，身上布有不同的细毛。缅甸虫珀内的其他内含物包括一些珀的表皮有雨滴状、嵌入珀内的石化物；棕红珀和金珀内有像橡树毛的物体，还有一些金珀内有红色、很细的丝状物；在一些金珀，特别是柳青珀内，有松脂流动留下的明显痕迹，很多柳内留有红色或者橙红色的纹理；半透明的珀内有以红色或者棕色的小斑点为主体的混浊体，像半浑半透的水中带着红点。珀内的碎片多为暗红色，亦有黑色，与多米尼加珀相近。珀内植物多为较大的叶子，或者地钱类，或者红色纤维状斑片或细丝。

三、缅甸虫珀的收藏

缅甸琥珀中昆虫的特点：一是虫大；二是虫多；三是肢解的多，完整性差；四是灭绝的品种多。

（1）昆虫不一定很大，但要求稀有。比如，缅甸琥珀中有蛐蛐非常多，而且都是大虫，大不一定意味着非常贵。相反，一些中、小虫，比如蜉类、蚁类、多毛的蚊类等都值得拥有。再有，所有昆虫的目里都有稀少的科，比如直翅目里的蚱蜢、树蟀，双翅目里的家蚊，鞘翅目里的一些稀少甲虫，蠊类里的长形蟑螂，所有的脉翅目等等，都是值得考虑的。

（2）不能根据他国琥珀收藏经验来看待缅甸琥珀昆虫。比如，蚂蚁类昆虫在抚顺和多米尼加的珀中非常普遍，但是在缅甸珀里并不多。再有，就是蝎目，在抚顺和多米尼加珀里极少，但是在缅甸琥珀里并不少见。还有就是缅甸琥珀里的蜂和甲虫种类非常多，需要仔细辨别。

（3）珀体不一定求大，但是透明度很重要。很多缅甸虫珀是半透明的，影响拍照和观看，所以虫珀是越透明越好。但是，紫色虫珀值得拥有，因为具有商业价值。还有就是柳青、血珀、茶色珀和红茶珀的虫珀，因为商业价值高，只要珀体无裂，值得拥有。

（4）昆虫不一定很多，但虫体最好要完整。也就是说没有分解的，肢体比较全面。另外，缅甸虫珀里，有二十个虫以上的单体琥珀很多，但是价格也很高，这种情况下，要看虫的种类。如果有稀有的品种，价格高也值得拥有；如果虫子种类平平，但是珀体形状好，透明无裂，其商业价值也高。

（5）珀体不需要太大，但太小的珀体在价格上应该有所优惠。

缅甸琥珀包裹体主要有：

① 昆虫、非昆虫节肢动物和蜗牛等；

② 植物，各种叶、花、苔藓、种子；

③ 其他有机物，如羽毛、动物毛发等；

④ 水和空气；

⑤ 其他，比如泥土、石化物等。

带有包裹体的琥珀统称为灵珀。

四、缅甸琥珀的几个特殊品种分类及介绍

1. 缅甸变种金珀

(1) 柳青珀。这是一种带有青绿色彩的变种金珀，它的体色是介于绿色和金色之间的绿色，紫光灯下呈现橙红色或者蓝色，也被称为绿茶珀。当青绿色浓艳到一定程度时，即为一种天然的绿珀，有些商家将其看作缅甸绿珀。

柳青手镯

太阳谢着人间去了，雪峰上最后的握别。脸霞红印枕，绿鬓堆云。颂扬的弦音，沉寂的山林，不见月夜携手的双影。明窗的楼上，不闻听负手的沉吟。墙上的藤花，临风欲堕。湖上的碧水，泛起鳞波。池边的水莲，莹莹的亮。含情的双眸，覆卧在晓云中。

柳青珀又分为下列四种色：

① 淡色柳青。其特点是：透明金珀的基底泛出淡淡的绿色，在白布下呈现出淡青色，黑布下表面有蓝光反应，阳光下黄色为主微带绿。由于颜色较淡，和金蓝珀容易混淆，有些商家将淡色柳青珀归于金蓝珀中出售。

② 标准柳青。其特点是白布下呈现绿色，黑布下呈现紫红色或粉红色，且绿色越是浓重黑布下呈现出的紫红或粉红就越发鲜艳，阳光下呈现出黄与绿的混合色。所谓标准柳青，就是说绿与黄的结合不多不少、恰到好处，多绿一分则显现为青色，多黄一分则呈现为黄绿色。

③ 橄榄色柳青。其特点为带明显黄色调的绿，色较浅淡如青嫩橄榄，由此用嫩橄榄的颜色来形容它的绿色。在阳光下或白布下都呈现为橄榄色，黑布下特点不变。以此类推，会出现不同程度的粉红色或紫红色。

④ 浓绿色柳青。其特点是整体为比较深色调的绿，呈现出成熟度较高的青橄榄色。其中深绿色中伴有黄色出现，强光下表皮伴有蓝色幻彩，内部呈现粉红色彩光，底部和光照两边呈现出茶叶黄的底色，白布下体色为浓青色或青色略偏黄，俗称柳青偏黄、黄茶珀、浓色柳青等。

(2) 茶珀。带有茶色色调的金珀。在自然光线下看这种金珀，它呈现如茶水汤色般的褐黄色，故一些商家又叫它黄茶珀。关于茶珀，现在的叫法尚未统一，对茶珀分类也无固定标准。现主要有两种分类：

第一种是腾冲很多商家的叫法，把下列三种珀归为茶珀：

① 绿茶珀，即柳青珀，机油光是紫色的深绿琥珀，以及机油光浅的豆绿或者浅绿珀。

② 红茶珀，机油光是偏绿色或者绿偏白，珀体为红色，但无氧化层的琥珀。

③ 黄茶珀，即土黄色或者暗黄色的金珀。

第二种是茶水色的金珀，也就是上面所说的黄茶珀，它也可分为两种（这种叫法昆明商家说的多）：

① 机油光是紫色的茶水色金珀；

② 珀体偏暗的土黄色金珀。

（3）红茶珀。本身的珀体为茶红或偏黄的红色，即"红茶色"。但换一个角度观察可以看到这种琥珀带有绿蓝的幻彩，在阳光下看，这种琥珀表面又会出现绿白色的机油光泽，如同覆盖着一层光膜。这种琥珀的神奇之处在于它同时具有红、黄、绿和蓝的多色变化，属于缅甸琥珀中的变种，可由金珀、棕红珀、紫罗兰珀衍生而来，荧光反应也与这几种琥珀的反应相似。

（4）金红珀。这种琥珀是金珀发生氧化作用后的结果，多出现于血珀的内部，即血珀去皮后的芯材部分，表面颜色比内部颜色略深，有时整体金黄色中呈现一定的红色

标准红茶珀　　　　　　　　　　　　　　　　　　　　体色较淡的红茶珀

紫光下的红茶珀　　　　　　　　　　深绿背景下的蓝色幻彩

带深蓝光的红茶珀

调，有时黄色与红色并存，红色呈斑块状区域性分布，故有金红珀之称。与淡色血珀相比，金红琥珀虽然也可以整体偏红但其色并不深沉，多为鲜艳明亮的橙红，而且由于是芯材，通常珀质十分致密紧实，光泽明亮异常。

2. 缅甸蜜蜡

呈现不透明或者半透明的蜡性物质，也有半珀半蜡的状态。蜡一般以淡黄色、白

缅甸金红珀

缅甸金绞蜜

缅甸琥珀带蜜

色为主，像黄油般的状态，紫光灯下蜡一般为深棕色或者黄色，白色等。

五、缅甸琥珀的红外光谱

下图为缅甸琥珀的红外光谱图。

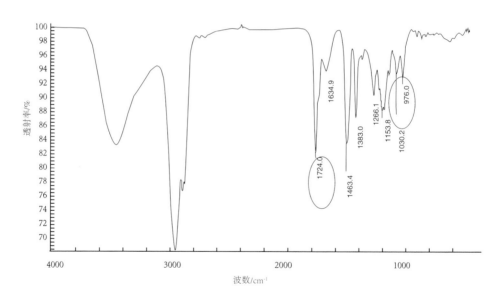

缅甸琥珀的红外光谱图

第四节　中国

中国辽宁省的抚顺琥珀形成于距今3500～6000万年前的始新世，比波罗的海琥珀要早1000万年。这个推断已被核磁共振试验所证实，和以往地质研究的成果是一致的。但现在又有科研成果证明，波罗的海琥珀距今也有5000万年的历史，这有待于进一步研究。辽宁抚顺的琥珀产于煤层中，由于地热的原因，辽宁抚顺琥珀的颜色多样，常见有金黄色、红色、黄色、黄白色、棕黄色等。辽宁琥珀中也有昆虫和植物包体，与波罗的海琥珀相比，虫珀中的昆虫较波罗的海琥珀中的要显得干瘪一些，可能是由于埋藏的时间较长，而且受到的地热不同。辽宁抚顺的琥珀呈块状和粒状产出，透明至半透明，光泽为强的树脂光泽，摩氏硬度为 2～2.5，相对密度要大一些，为 1.1～1.16 g/cm³。

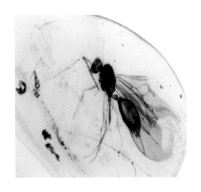

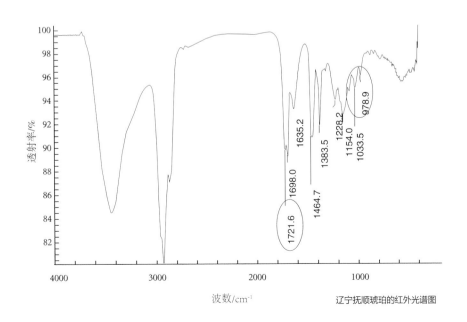

辽宁抚顺琥珀的红外光谱图

81

　　抚顺琥珀主要伴生于西露天煤矿的煤层中，也有一些产于煤层顶板的煤矸石之中。灰褐色煤矸石中保存的颗粒状琥珀呈金黄色，质量优，密度和硬度较大。现今该地琥珀产量极少，因此留存于世的抚顺琥珀数量有限。抚顺琥珀刚从煤层中开采出来时颜色较浅，多呈金黄色，但遇热氧化，或存放多年后，颜色加重，有的会变成棕红色。抚顺琥珀有金珀、棕珀、血珀（有深浅之分）、花珀、蜡珀、翳珀（黑色琥珀）、绿珀、蓝珀、紫珀等许多品种。

　　据科学研究，抚顺琥珀的形成源于它处在一个构造断裂带上。当年由于喜马拉雅山的构造运动，使抚顺下沉成为盆地。在6000多万年前的古新世时，那里经历了从火山频繁喷发到逐渐稳定的过程。之后，在微量元素丰富的火山灰大地上，生长出了茂密的热带原始森林，从松科和被子植物树木上断裂处流淌出大量的松脂。当盆地再次下降，那里便形成了一个大的淡水湖泊，原始森林被埋进入地下。之后，原始森林在高压缺氧的环境下逐渐石化，树木中的碳质高度压缩富积形成了煤，树脂和树胶在煤层中则逐渐石化变成了琥珀，并再次被火山喷发的熔岩覆盖。

一、抚顺金珀

　　抚顺金珀中一级料是指清晰、透明度高、杂质少的金珀、血珀、棕红珀，多出自贯龙料。二、三级料杂质多，可见的"景"和包裹物也多。

抚顺一级料，绝少杂质的珠子，尺寸越大越贵

　　佛珠是市场上流通最多的品种。

抚顺琥珀佛珠
抚顺二级料的珠子，里面容易找到奇怪的东西。

抚顺血珀
抚顺血珀很少，常光下看有时是绿或黑色，透光下
看是血红色或葡萄酒红色。

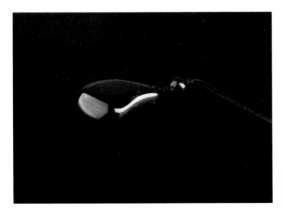

抚顺琥珀无明显隐含色，不像缅甸和多米尼加琥
珀。黑底下缅甸、墨西哥和多米的琥珀会有绿色或
者蓝色的隐含色，而抚顺琥珀没有这种特征。

绿珀在灯光下的样子，在阳光下颜色是绿色的，有油状光泽，但油性不强；在荧光灯下是油漆样蓝白色，并且杂质越少越清澈的，颜色越绿。（此琥珀的绿色同多米尼加的绿琥珀相比，绿的程度有过之而无不及。）

抚顺绿珀中的天然冰花，天然琥珀冰花与人工优化的鳞片状爆花明显不同。

蓝珀在灯光下的样子。在自然阳光下为接近蓝色墨水的颜色；在荧光灯下为深蓝色，反应很强，但没有绿珀荧光灯下的油漆色，是纯正的荧光蓝。

灯光下的紫珀。这种琥珀与绿、蓝两种琥珀不同，那两种琥珀是越纯颜色越浓艳，这种琥珀内部用放大镜观看，有棉絮状物质和动植物残留。（注：绿、蓝、紫三种琥珀都是在阳光下看其珀体的反光色，蓝色和紫色琥珀基本上出自西露天矿。）

抚顺绿珀，油性超强，感觉是绿色豆油冻成的块状

二、抚顺花珀

抚顺花珀是抚顺琥珀中的特色品种，产于我国辽宁抚顺的西露天煤矿。和一般的琥珀相比，花珀中的白色部分有其独特的象牙白色，不透明到微透明，其粉末或碎屑一般为浅浅的淡黄色。它和有机溶液接触不易溶解，但容易被渗入，造成内部损伤，会有明显的硬度差异。硬度小的，性脆易碎，用指甲就可以刻画；硬度大的，不仅致密，还具有韧性，用玛瑙棒都不容易研磨。在长波紫外光下，蓝白色、绿蓝色荧光明显，且越白荧光强度越大。另外，抚顺花珀中的透明部分在正交偏光镜下呈现带有七彩干涉色的异常消光现象，具有特殊的产地特征。经红外光谱测试，花珀的基本骨架为脂肪族羧基化合物结构，还发现其白色致密部分存在普通琥珀所没有的烯烃双键。

抚顺黑白花

花珀的品种多样，按照"白花"的"骨质"不同，可以分为骨头料、水骨料、火掌子料骨头料。骨头料不透明，和透明部分差别明显；水骨料微透明，和透明部分之间逐渐过渡；细小裂隙和白色偏黄是火掌子料最典型的特征。透明的琥珀基体上大量密集不定向扁平状裂隙导致了"白色"的感观，同时也增加了其脆性，所以它并不能算是真正意义上的骨珀。显微放大发现，花珀具有特殊的结构，如"破了蛋黄的鸡蛋"，不同的部分，白色呈不同的形态分布，也可形成不同的品种。扫描放大发现，形成纯骨花珀的"蛋黄"部分，有间距的平行定向排布的片层状微观结构，自由空间的存在使得入射光的光路不能连续，导致了宏观白色和不透明的产生，同时微小的间距也使得其比一般的透明琥珀更具韧性。"壳"形成的皮骨花珀，在片层状结构中还有大量密集的圆形孔洞，导致了其硬度降低、脆性增加。

抚顺花珀中有些品种是独有的，如黑白花、水花。

黑白花也叫花珀或骨珀。就是白色的琥珀中混有杂质，有点像波罗的海琥珀中的骨珀，但由于是煤矿伴生，所以呈黑白花样。黑白花中纯白的很少，越白的越少见。这种琥珀在市面上有很多用琥珀粉做的仿品，在广州很多，其特点是流纹太顺，显得浮，不如真的沉着。

抚顺水花有点像波罗的海琥珀中的"金绞蜜"，外面是透明琥珀，里面是蜜蜡。在抚顺琥珀中它们有个更好听的名字——水花。其特点是里面的包裹物像棉花糖一样的。据说，把玩越久变化越多。

抚顺黑白花随形手钏这三颗被认为最好的

抚顺水花珠子

抚顺金沙蜜蜡
黑白花的抚顺琥珀加金沙蜜蜡在灯下
闪闪发光

三、抚顺蜜蜡

蜜蜡：色泽橘黄，通体为蜡，蜡质感强，似蜂蜜糖浆。

水花：漩涡其中，流淌自然，似云雾，似飘尘，还似鸡蛋汤。

真正的抚顺蜜蜡很少。

抚顺蜜蜡

蜜蜡琥珀中的蜜蜡形态

蜜蜡琥珀中的蜜蜡经放大后观察，大致可见四种形态：

(1) 浆糊状形态。此种形态的蜜蜡质地紧密细腻，胶状特性极其明显，如蜜似蜡，如波罗的海蜜蜡。

(2) 漂浮流动状形态　此种形态的蜜蜡质地较第一种蜜蜡要略显粗大一些，经高倍放大后观看，可见细小颗粒及斑驳状物质，并有一定的层次感。多见于流淌纹中，蜜蜡厚度较薄。此类代表以缅甸蜜蜡琥珀居多。

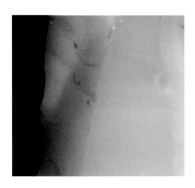

波罗的海蜜蜡,蜡质浓厚细腻

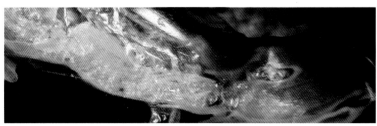

缅甸蜜蜡
缅甸蜜蜡琥珀中，蜜蜡浓重多样，形态各异，以奇特的图案和花纹闻名于世

（3）气泡圈环状形态。此种形态的蜜蜡质地较清晰明显，多呈大片或大块出现在琥珀中，视觉效果突出，眼观厚度显得略低于第一种蜜蜡形态，高于其他蜜蜡形态。高倍放大后观看，可见微小气泡及环圈状物质相连及相邻，微小气泡的中心有实有空，大小也都各不相同。此类型在抚顺、缅甸蜜蜡琥珀中可见。

（4）异形状形态。此种形态的蜜蜡质地粗糙，"颗粒束"明显，直接拍摄或普通放大后观看，可见"花瓣""花丝"状物质充盈琥珀中，是较特殊的一种保存形态，多见于抚顺蜜蜡琥珀中。

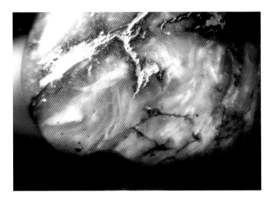

抚顺蜜蜡琥珀中糊状蜜蜡形态存于棕色琥珀中

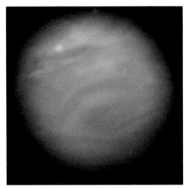

抚顺蜜蜡琥珀中的糊状蜜蜡
在高倍放大后，可见如蜜似蜡的黏稠状物质存在于琥珀内部，结合非常紧密

抚顺漂蜡琥珀
浅淡如轻薄云雾般的蜡状物质在深色琥珀内漂浮流动，形成波浪状流淌堆积纹，经高倍放大后观察，可见细小颗粒物质反光现象

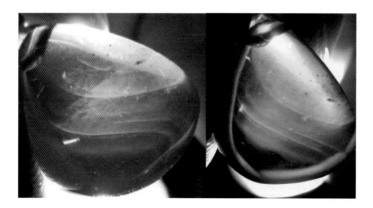

抚顺蜜蜡琥珀中层次分明的丝状蜜蜡形态，有较小的颗粒性
这种纹理的层叠是琥珀形成初期的流淌所致，其他产地也有类似现象

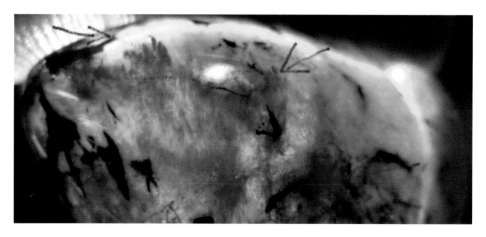

浅棕色抚顺琥珀，内部的蜜蜡物质呈小气泡和圆环状形态

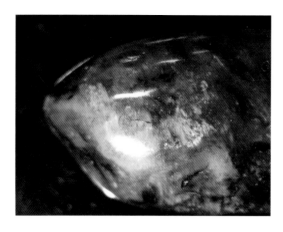

抚顺琥珀
在常光下显露出大片的金黄色光泽，
多是大块大片状出现

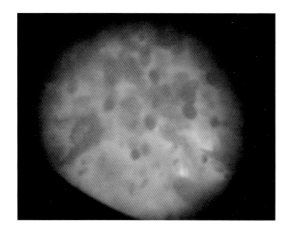

抚顺琥珀中的蜜蜡经高倍放大后，可见清晰的
气泡及圈环状物质

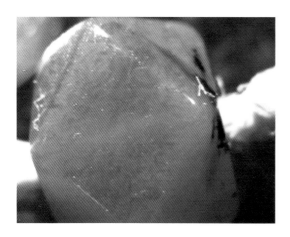

抚顺蜡珀
类似于金绞蜜，特殊形态的蜜蜡物质存在于棕
色琥珀内

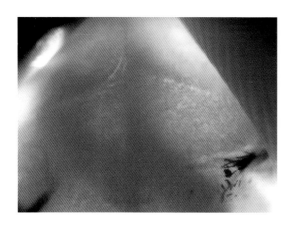

抚顺蜜蜡（全蜜）
异形状态的蜜蜡填充于琥珀内部

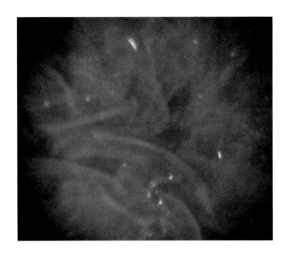

抚顺蜡珀
很特殊的异形状形态蜜蜡，在经高倍放大后，呈现
出如"粒粒橙"果粒，又好似花瓣般的现象

抚顺"金绞蜜"　在金色琥珀中平行流淌的丝状蜜蜡及少许云雾纹

四、抚顺琥珀的形制及工艺举例

普通的抚顺琥珀叫作煤黄，从煤层中找出来时看上去是黑黝黝的，它晶莹剔透的
质地和光泽要经过加工、打磨、抛光之后才能展现出来。

金珀老手工珠子　　　　　　　　　　　　浅色血珀

　　抚顺琥珀跟其他矿区的琥珀相比，除了在年份、矿场、包裹物、流纹上不同外，它还有一大特点，就是抚顺琥珀的老手工珠子，形制比较特殊，如下图。

这种珠子叫八大锤，打磨这样的八棱是很不容易的

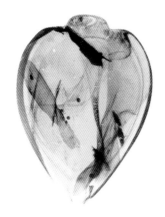

抚顺特有的菱形和心形坠

抚顺琥珀的雕刻很难雕得精细

抚顺立体圆雕瑞兽　雕刻较成功的抚顺新料琥珀

五、中国其他琥珀产地简介

按照古书的记载，中国的琥珀产出地有多处，大体位置在现今的云南至缅甸北部。到了近代，有文献记载我国新疆地区也有琥珀产出。然而，由于过度开发，产自云南的琥珀到了近代已寥寥无几。当代中国的主要琥珀产地为辽宁的抚顺与河南的西峡县。其中西峡县的琥珀是在 1980 年被大量发现的，年龄距今约 1 亿年，主要分布在灰绿色和灰黑色的细砂岩中，面积达 600 平方公里。琥珀原石呈瘤状、窝状产出，每一窝的产量从几千克到几千公斤。琥珀的大小从几厘米到几十厘米，1980 年曾采到一块重 3392 公斤的大琥珀和一块重 5.8 公斤的紫红色、半透明的上等药用琥珀。西峡县的琥珀颜色有黄、褐黄和黑色，呈半透明到透明。大多数琥珀中含有砂岩和方解石及石英包体。西峡琥珀由于大多为裂纹发育，属于层状琥珀。这些保存在白垩纪的琥珀，即使是很大的琥珀，出土之后接触到阳光和空气，就会破裂成若干个小块，所以过去主要用作药用材料，1953 年后开始对裂纹较少的小块琥珀择优进行工艺饰品加工。用西峡琥珀加工的项链，由于色彩和纹理丰富美丽、质量上乘，广泛受到了国内外游客的青睐。具有 1 亿多年历史的西峡琥珀，记录了中生代晚期密林中一次又一次的树脂分泌，可惜这些琥珀的透明度较低，目前还没有发现包裹动植物化石的记录。

缅甸红茶

第五节　　其他

　　近年来出现的印尼琥珀也值得大家探讨。印尼琥珀在磨的时候皮薄不易碎，粉末大多很白，也很细，磨时有树香。色彩较丰富，红、黑、黄、花的都有，大于 20 克的原石大部分会有几种色调的琥珀混在一起。透明的不多，红色调较多，但红色调中大多带有黄色调。黄色的较透明。黑色的有的在强光下显暗红不透，有的还是黑的，有一块有点像缅甸的瑿珀；而红色调的有的在强太阳光下很红，在太阳直射的情况下拍摄，可以看到一点黄色。但大多数红色的都不那么通透，里面常有包含物，虫子或植物花叶等。因半透明和不透明的居多，里面不似波罗的海的蜜蜡，有点像黏稠的糖稀或蜂蜜，所以作者认为把这种印尼半透明的琥珀叫作蜜糖更合适。印尼蓝珀多数有兰紫色调，艳艳的紫蓝色，有些妖异。和缅甸珀对比，在白灯下区别很明显，差不多颜色的珀在白底下看，印尼珀泛暗紫蓝，而缅甸珀泛绿～蓝绿。倒是质量很高的印尼珀和多米尼加珀很接近，日光、白灯下都区别不大。

　　印尼蓝色琥珀的产区有两个，加里曼丹和苏门答腊（都是沉香的产区），这两个产区的琥珀总的特点是：颜色较深，奇怪的蓝色，都有红色相间，像紫罗兰色，但透明度都较差，杂质多。

第一节 各个产地金珀的对比

一、缅甸金珀与抚顺金珀

一是看色彩：抚顺金珀的色彩饱和度高，橘黄色的多；缅甸金珀浅黄色多，虽也有橘黄色的，但其内多有杂质。

二是看幻彩，即阳光下的珀体泛光。在阳光下，缅甸琥珀多数泛蓝紫色、紫色或者蓝色、蓝绿色；抚顺琥珀强光下泛墨绿色，日光下泛绿色，一般光线下泛紫色。

三是看内含物：缅甸琥珀有橡树毛、孢子囊，有斑点组织的流纹、方解石浸入的裂纹和纹理等；抚顺琥珀没有这些东西，有棕色纹理的像液体流动造成的，有杂质那是植物纤维。

四是看硬度：缅甸琥珀的硬度稍高，脆性大。

五是看荧光：抚顺琥珀的荧光浅，蓝偏绿，是稍暗的蓝白，有时偏点绿色，荧光均匀，荧光中有煤皮留下的黑斑；缅甸琥珀的荧光重，明亮的蓝白色，白色调重，荧光中有时有条带状的流纹。

六是看偏光镜：缅甸琥珀的七色光幅宽，色彩明显。抚顺琥珀的七色光幅稍窄。

七是看手感：用手握琥珀，再松开，感觉一下手感。缅甸琥珀稍黏手，抚顺琥珀比较滑，不黏手。

八是听声音：揉搓琥珀时发出的声音，抚顺珀的声音沉闷，缅甸珀的声音略清脆。

另外，缅甸琥珀色彩变化很大，个体色彩差别也大，阳光下的色彩饱满美观。可称其为"阳光琥珀"，这点和抚顺琥珀不同。缅甸金珀与抚顺金珀的对比见表 5-1.

其实，缅甸琥珀跟抚顺琥珀最好区别的一点就是宝光，即"琥珀光"。对着阳光看，抚顺珀的宝光特别灵动，缅甸珀的宝光看起来有点木突突、肉乎乎的！

缅甸虫珀与抚顺虫珀的区别：

一是看虫体：缅甸虫珀中的昆虫体形大；抚顺虫珀明显要小，而且抚顺珀中的虫显得干、瘪。

二是看荧光：缅甸虫珀的荧光和抚顺东露天料虫珀的荧光反应强度和色彩近似。

三是看透明度：抚顺虫珀除蜜蜡外，透明度极高，无斑点；缅甸虫珀的透明度差一点，有斑点。

四是看内含物、矿皮、外观色彩等。

表 5-1 缅甸金珀与抚顺金珀的对比

品种	缅甸金珀	抚顺金珀
光泽	很强	极强
体色	多为浅黄，橘黄色内多有杂质	色彩饱和度较高，多为深重的橘黄色、中黄色
透明度	较好，通透性及灵动性较好	很好，通透性及灵动性很好
幻彩	日光下，泛蓝紫色、蓝绿色、鲜艳的紫红色	强光下泛墨绿色，一般光线下泛紫色
内含物	有橡树毛、孢子囊，有斑点组织的流纹、方解石浸入的裂纹和纹理等	有棕色纹理的像液体流动造成的，有植物纤维杂质
荧光	强，明亮的蓝白、蓝绿或者黄绿色，白色调重，有的荧光带条状流纹	中等~弱，稍暗的蓝白、蓝紫色，蓝色重，有时偏点绿色，荧光中常有煤皮留下的黑斑、煤线
偏光镜	七色光幅宽，色彩明显	七色光幅稍窄
手感	手摸黏手，手感较软	手摸滑，手感较硬
净度	很好	较好

续表 5-1

品种	缅甸金珀	抚顺金珀
图例	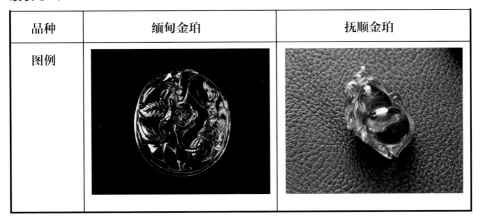	

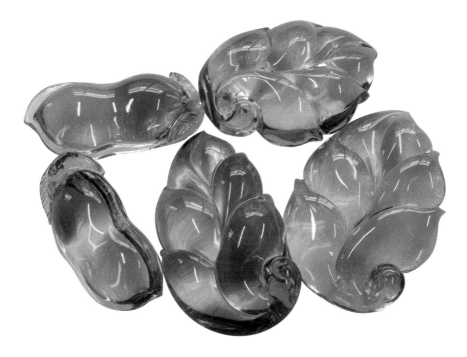

缅甸金珀

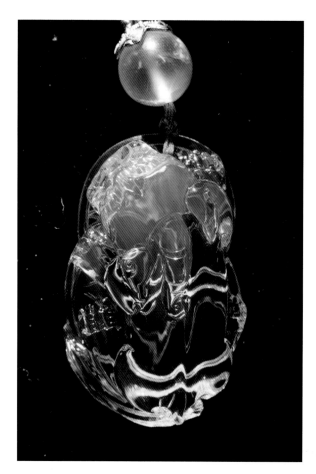

缅甸金兰
蓝色会随着光线变幻，呈现出蓝、绿、
黄、紫、褐等五种以上颜色

抚顺金珀（泥珀—七彩光）

二、缅甸金珀与多米尼加金珀

　　缅甸琥珀与多米尼加琥珀都有潜在色与透光色。透光色即本身的体色,如金珀、翳珀、血珀等,而潜在色则是在接收某个波段的光时浮现在表面的颜色。透光色多米尼加琥珀见的最多的就是金珀,几乎所有的多米尼加琥珀开出来都是金珀,只要矿皮去得干净;而多米尼加琥珀的潜在色则分两种即蓝或绿,蓝、绿的状态各有不同,色深也有区别,只要是多米尼加的琥珀多少都会有一些潜在色,没有任何潜在色的多米尼加金珀要比有潜在色的罕见得多,且多为小料。另外,墨西哥和多米尼加地理位置接近,气候及地质条件也接近,出产的琥珀红、蓝、绿都有,有时不易区分,但是以蓝度划分,墨西哥和缅甸琥珀的蓝都达不到多米尼加琥珀的品质。

表5-2 缅甸金珀和多米尼加金珀的对比

品种	缅甸金珀	多米尼加金珀
光泽	强~中,明亮	较强~中等,较明亮
体色	金偏棕黄	金偏淡黄
透明度	高	高
幻彩	蓝绿、蓝紫	蓝、绿及其混合色
内含物	较少且品种单一的动植物碎屑,圆盘状、椭圆盘状爆花,较平缓粗大的流淌纹,有时带红线	较多且种类丰富的动植物碎屑,较杂乱细碎的流纹,一般杂质多
荧光	明亮的蓝白~亚蓝色,白色调重,荧光中有时有条状流纹	强,鲜亮的黄绿色或者偏蓝绿色的荧光,绿色调中偏白,荧光中有时有细线状流水纹
手感	手感软滑、湿润	手摸较涩滞,手感绵软
净度	高、纯净~较纯净	纯净~不纯净

续表 5-2

品种	缅甸金珀	多米尼加金珀
图例		

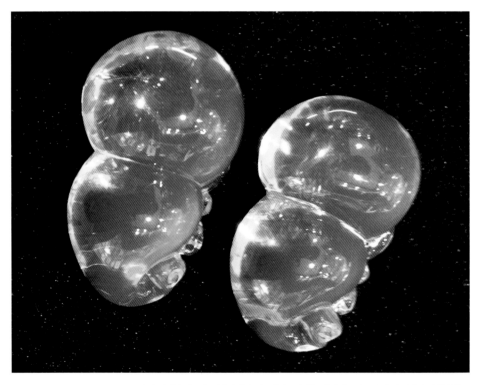

缅甸金蓝很少一部分的高蓝有时和多米尼加蓝珀有点像，但是缅甸珀的蓝光感觉浅薄，
像浮在表面的而不是深入到内部的，而多米尼加的蓝浓厚而深邃，蓝光有深度

三、缅甸金珀与墨西哥金珀

表 5-3　缅甸金珀与墨西哥金珀的对比

品种	缅甸金珀	墨西哥金珀
光泽	明亮	较明亮
体色	浅黄，饱和度低	偏深的黄，带棕色调
透明度	高	较高
幻彩	日光下泛紫或浅蓝，色彩丰富多变，但幻彩色较淡	日光下以绿色为主，色调浓重，幻彩色单一而稳定
内含物	较少，有时有盘状物及炸纹，有的珀内天然开裂处的炸花为较细小、均匀且规则花纹	较少，相对纯净得多
荧光	强，明亮的蓝白、亚蓝色，白色调重，荧光中有时有条状的流纹	较强，明亮的黄绿色，多呈偏白的浅绿色调，荧光中流水纹较粗
手感	手摸湿滑	手感较黏
净度	较纯净	一般纯净
图例		

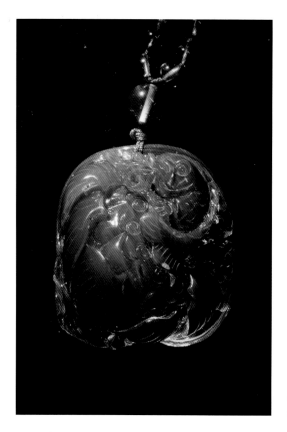

缅甸金绿
以蓝为主的蓝绿色幻彩，幻彩色相对清淡

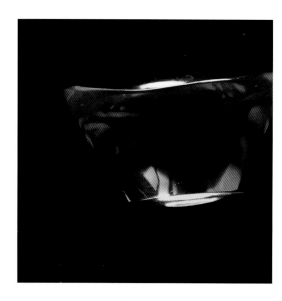

墨西哥金绿
特有的绿色调非常浓郁

四、缅甸金珀与波罗的海金珀

表 5-4 缅甸金珀与波罗的海金珀的对比

品种	缅甸金珀	波罗的海金珀
光泽	较明亮的树脂光泽	普通的树脂光泽
体色	浅~中黄	浅黄~橙黄
透明度	透明~近透明	透明
幻彩	有，混合白光的蓝、绿、紫等幻彩	无，有时可有微弱白色反光
内含物	植物碎屑，棕红点状流纹，扁平椭圆爆花片，气泡多而不透明。	圆形、椭圆型立体气泡且透明，云雾状纹理，睡莲叶状"太阳光芒"
荧光	强，蓝白，常见流纹	中等，黄绿，流纹几乎不可见
偏光镜	彩色光带为主的消光带	明暗变化为主的消光带
手感	滑腻，柔细	微滞，干脆
净度	极纯净~中等	纯净~较纯净
图例		

波罗的海纯净的金珀多为优化处理后的产物

缅甸金珀　不带任何潜在色的纯金珀

　缅甸金红珀　金橙与橘红的组合，质地紧致密实，光泽滋润柔和，石化程度较高

第二节 各个产地血珀的对比

一、 缅甸血珀与抚顺血珀

结合阳光下的色彩、荧光反应的强度和色彩、珀体表面荧光的纹理和色彩变化，可以将缅甸的红色琥珀与抚顺的烤色琥珀区别开来：

（1）缅甸红色琥珀有暗绿色调荧光；

（2）缅甸红色琥珀的荧光因珀体的色彩不同，是有变化的；

（3）缅甸红色琥珀的荧光常有纹理，经常混杂着自然形成的流淌状褐、绿、蓝交织的纹理，这种纹理是烤制琥珀所没有的。

缅甸血珀磨后的原石上有一层浅浅的、像大龟裂纹的纹理，这是缅甸琥珀氧化后的产物。在磨制过程中，如果打磨不彻底，氧化层磨得不净，就会留下这种情况。如果血珀表面有这样的龟裂纹理，则有利于区别烤制的琥珀，这也是缅甸血珀的重要标志。如果血珀外表面全是这种龟裂纹理，说明打磨得不够（打磨少有利增加重量）。

表5-5 缅甸血泊与抚顺血泊的对比

品种	缅甸血珀	抚顺血珀
光泽	强，带水润感的明亮光泽	强，带油脂感的明亮光泽
体色	橘红~樱桃红~深酒红，饱和度较高的纯正红色	棕黄~棕红，饱和度略低，带偏褐红（阳光下为墨绿色调，透光为血红色）
透明度	透明~半透明	较透明~近透明
幻彩	无到弱（绿白、紫白、浅褐白）、微白	无到更弱、微绿
内含物	常见爆花、植物碎屑，常见伴随流纹的点状包体，矿皮较厚，表面裂隙发育，部分内含絮状物，对光看混沌不通透	常有煤渣、泥土、碎屑等包体，裂隙层状发育，透明部分有时含絮状物、有时极透
荧光	中强，白垩蓝、蓝白、蓝紫色，荧光白色调稍重	弱，绿白、蓝绿偏白或褐绿色，暗淡的绿色荧光为主，白色调淡

续表 5-5

品种	缅甸血珀	抚顺血珀
偏光镜	消光带，光带略宽	消光带，光幅略窄
手感	湿滑、水润	很滑、油润
净度	整体较高，有的非常纯净	整体较低，纯净的比较少
图例		

抚顺血珀
呈现棕橙色调的红色，质地油润，透明度中等

缅甸浅色血珀
色调及光泽均为明亮

抚顺棕红
因含絮状物而不够通透，但与缅甸棕红珀的浑浊明显不同

抚顺浅棕红珀与棕红珀的对比
抚顺料带有明显的棕褐色调

二、缅甸血珀与多米尼加血珀

多米尼加血珀是一种金珀偏红的琥珀，由于被氧化的缘故，这层颜色表现为暗红色。如果暗红色氧化层不去掉，多米尼加琥珀可表现出类似金珀掺入深沉的红颜色。

表 5-6 缅甸血珀与多米尼加血珀的对比

品种	缅甸血珀	多米尼加血珀
光泽	强	较强
体色	偏棕或偏黑的红，色调较深，多出现不同深度的氧化层而使整体呈现红色	偏橙或偏黄的红，色调较浅，氧化层较薄，多为红皮琥珀出产，芯呈现蓝绿色幻彩
透明度	透明～半透明	透明～近透明
幻彩	日光下有时微泛白（紫白、绿白、蓝白）	日光下显绿
内含物	常见椭圆扁平状爆花、植物碎屑、点状包体，表面较粗大裂隙发育	常见动植物碎屑、不规则块状包体，表皮细碎小裂隙发育
荧光	蓝紫／蓝绿交织灰白	蓝绿
偏光镜	常有裂隙导致的异常消光	由裂隙或内含物引起的异常消光
手感	较滑、水润	微黏、涩滞
净度	纯净到中等	较纯净

续表 5-6

品种	缅甸血珀	多米尼加血珀
图例		

缅甸金红 取自于血珀的芯材 呈亮丽的金橙色

三、缅甸血珀与波罗的海烤色血珀

波罗的海血珀有两种,大部分为烤制所得,另有一种红皮金珀,这种珀的红色多为表皮红色,芯中带有黄色。

表 5-7 缅甸血珀与波罗的海烤色血珀的对比

品种	缅甸血珀	波罗的海（烤色）血珀
光泽	强，光泽明亮	较强，光泽发木
体色	橘红～樱桃红～深酒红	浅褐红～深褐红
透明度	透明～半透明	透明
幻彩	弱（绿白、紫白、浅褐白）	无
内含物	常见爆花、植物碎屑、点状包体，表面裂隙发育	内含物较少，可有加热形成的盘状裂隙
荧光	褐绿、蓝白，荧光常有纹理	弱的黄绿，无纹理
偏光镜	常有裂隙导致的异常消光	带状消光，可有气泡周围的十字盘状消光
手感	较细滑、水润	较干涩、黏滞
净度	极纯净到一般	多数纯净
图例		

四、缅甸血珀与墨西哥血珀

表 5-8 缅甸血珀与墨西哥血珀的对比

品种	缅甸血珀	墨西哥血珀
光泽	强，光泽明亮	中等，较明亮
体色	橘红～樱桃红～深酒红，多出现不同深度的氧化层，而使整体呈现红色。芯与外皮过渡层不明显	浅到深的酒红，色调较深，饱和度较高。氧化层厚度中等，多为红皮琥珀出产，芯呈现蓝绿色幻彩，且芯与外皮分界明显，仅为浅层的渐变状过渡
透明度	透明～半透明	透明～近透明
幻彩	弱（绿白、紫白）	微弱～中等，绿蓝
内含物	爆花、植物碎屑等以及附着于表层的粗大裂隙直线状，俗称"冰裂纹"	层状环带状流涡纹及原石表面细密裂隙网格状分布
荧光	中，蓝白	弱，绿白
偏光镜	由裂隙导致的杂乱异常消光	常见宽大带状的异常消光
手感	较柔，湿滑、水润	较绵，起伏感较大
净度	纯净到中等	较纯净
图例		

 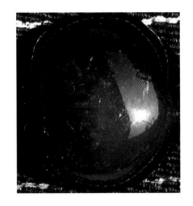

墨西哥血珀的红皮　　　　　　　　　　墨西哥酒红色的红皮蓝珀

多米尼加也有红皮的蓝珀，其红皮的透光效果类似血珀的红，但是无论多米尼加珀还是墨西哥珀，红皮料中极少出现天空蓝，都是蓝紫。从矿的数量上来说深蓝的最少，蓝紫和天空蓝的矿差不多，蓝紫稍多。北部矿区是老矿区，该区天空蓝的多，很少红皮。红皮在西部矿区较多，西部矿区是新矿区。近些年北部老矿区已开采得差不多了，西部矿区的产量逐渐增加，故红皮料也越来越多见了。

第三节　各个产地花珀的对比

一、缅甸花珀与抚顺花珀

表 5-9 缅甸花珀与抚顺花珀的对比

品种	缅甸花珀	抚顺花珀
光泽	带木石感的树脂光泽	带油脂感的树脂光泽
体色	棕红、紫褐与黄褐色交织	棕黄、深棕与乳白色交织
透明度	较低，珀体浑浊，整体常呈乳浊状外观，透明部分亦不够通透	较高，珀体可有较多透明部分
幻彩	珀的部分有紫白色荧光幻彩	珀的部分幻彩不明显，有时微带褐绿色彩光
内含物	珀体的棕红颗粒内含物与近似平行的根珀花纹，纹理方向性强	无颗粒感的珀体与无规则形态的花纹常伴暗色杂质，纹理方向性弱
手感	较重	较轻
净度	普遍较高	普遍较低

111

　　波罗的海花珀由于多为人工优化的产物，且外表与矿珀类花珀差异较大，一般不容易混淆，故此处不作对比。另有一种黄白和黑色相间的波罗的海矿珀有时也被称为"花珀"，但此珀种杂质极多，花纹破碎不流畅，美丽程度差，几乎很难达到宝石级，市场上也并不多见，在此也不作过多说明。

缅甸根珀（半蜜半珀）

第四节　各个产地翳珀的对比

一、缅甸翳珀与抚顺翳珀

表 5-10　缅甸翳珀与抚顺翳珀的对比

品种	缅甸翳珀	抚顺翳珀
光泽	中等，蜡状的树脂光泽	强，油状的树脂光泽
体色	较多样，黑红，紫褐，深褐等	相对单一，褐色的深红
透明度	整体几乎不透明	整体可有相对透明的部分
幻彩	有明显幻彩，幻彩有时泛白光	幻彩不明显，不反白
内含物	纹理明显，方向性较强，浅色矿物包体较多	多为杂乱分布的暗色矿物及植物碎屑
荧光	强，明亮的蓝白为主，白垩状	中等，暗淡的褐绿为主
手感	较重，相对绵软水润	较轻，滑手，感觉致密坚实
净度	整体略高	整体低，高净度极少

乌黑油润的抚顺翳珀   波罗的海翳珀（优化）
看似顽石，却是浓重的精髓 透光深红，暗色杂质多

　　波罗的海翳珀有两种，一种为天然地热深度氧化的黑琥珀，整体呈黑色，目视不透明，透光深红，通常内部洁净，或含少许天然包体，常为暗色矿物或植物碎屑；另一种为人工加热过度老化的产物，整体为浓重的深红，有明显褐色调，内常见鳞片状爆花。

第五节 各个产地蜜蜡的对比

一、缅甸蜜蜡与抚顺蜜蜡

表 5-11 缅甸蜜蜡与抚顺蜜蜡

品种	缅甸蜜蜡	抚顺蜜蜡
光泽	中等，带有蜡质感	中偏强，带有油脂感
体色	褐黄到黄褐的一系列过渡色，色调较深	黄到棕黄的颜色范围，色调较浅
透明度	整体不透明多	半透明～不透明，多少包含不规则的透明部分

113

续表 5-11

品种	缅甸蜜蜡	抚顺蜜蜡
幻彩	常出现明显泛白的幻彩，可呈蓝紫，绿黄等多种色调	微弱而单调的黄绿色系幻彩，不泛白
内含物	流纹明显，纹理起伏较大，部分有金沙效果，金沙颗粒较大，棱角分明，晶形较完整，并常伴随珀体流淌纹呈粗大条带状分布，其他包体较少	流纹整体上不太明显，纹理起伏较小且倾向区域性分布，常有金沙效果，金沙细小绵密，形态较为圆滑，常含其他包体
荧光	较强，较明亮的蓝白	中等～弱，较深暗的蓝紫、绿白
手感	较重，水润	较轻，滑手
净度	整体略高	整体较低，高净度少见

抚顺蜜蜡

抚顺石珀蜡珀

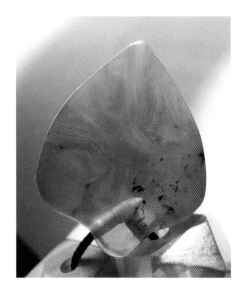 

抚顺蜡珀（飘蜡） 缅甸蜡珀（金绞蜜）

多米尼加也有一种特殊的蜜蜡状琥珀，半透明到几乎不透明的质地，如稀释的蜂蜜，可以看到黏稠的流动曲线，类似于金绞蜜般珀与蜜的混合态，类似上图。

第六节 各个产地绿珀及金绿珀的对比

绿珀分为人工改色绿珀和天然绿珀（多产于多米尼加、墨西哥，缅甸、中国抚顺也有少量），背面上漆涂黑以衬托绿色的波罗的海琥珀（优化）。比较典型的是常有爆花的深绿色珀。天然绿珀，浅黄绿色，多出于加勒比海。天然绿珀在白色背景下看为金黄色，与普通琥珀相似，在黑色背景下产生绿色光泽，原理和蓝珀类似。波罗的海绿珀分为两种：金珀背面着工艺色呈现绿色（国际认可，符合天然品鉴定标准）；经化学处理的绿珀，这种人工绿珀颜色非常特别，极不自然。

一、缅甸绿珀与波罗的海绿珀

表 5-12 缅甸绿珀与波罗的海绿珀的对比

品种	缅甸绿珀	波罗的海绿珀
光泽	较强的树脂光泽	普通树脂光泽
体色	色如柳叶的青绿体色，珀体黄中泛绿色	人工绿珀色
透明度	透明到近透明	透明
幻彩	阳光下明显泛紫或者泛蓝色	无
内含物	各种天然包体	处理中产生的爆花
荧光	强，蓝白、紫白	黄绿色白垩状
偏光镜	常见自然扭曲的条带状异常消光	格子状、斑块状或由爆花导致的消光
手感	特别的水润感	黏滞微涩
净度	纯净到较纯净	整体纯净度高

二、缅甸金绿珀与墨西哥金绿珀

表 5-13 缅甸金绿珀与墨西哥金绿珀的对比

品种	缅甸金绿珀	墨西哥金绿珀
光泽	明亮	较明亮
体色	浅黄的多，虽有橘黄色的但其内多有杂质	偏深的黄，带棕色调
透明度	较高，通透性及灵动性较好	较高，通透性及灵动性一般
幻彩	中~强的绿蓝、蓝绿	日光下偏绿
内含物	有橡树毛、孢子囊、有斑点组织的流纹、方解石浸入的裂纹和纹理等	一般杂质较多

续表 5-13

品种	缅甸金绿珀	墨西哥金绿珀
荧光	明亮的蓝白，白色调重，荧光中有时有条状的流纹	蓝白、蓝绿，白色调重
偏光镜	七色光幅宽，色彩明显	明暗变化为主，色彩不太明显
手感	较黏手、手感较软	手摸黏手、手感较软
净度	纯净到不纯净，跨度较大	一般纯净，整体净度较好
图例		

墨西哥琥珀普遍颗粒较大，很多大块通透的琥珀均出自墨西哥。

三、缅甸金绿珀与多米尼加金绿珀

表 5-14 缅甸金绿珀与多米尼加金绿珀的对比

品种	缅甸金绿珀	多米尼加金绿珀
光泽	很强	较强
体色	浅黄的多，虽有橘黄色的但其内多有杂质	金偏淡黄
透明度	较高，通透性及灵动性较好	高
幻彩	日光下，泛绿蓝、蓝绿色	蓝、绿及其混合色
内含物	有橡树毛、孢子囊，有斑点组织的流纹、方解石浸入的裂纹和纹理等	较多且种类丰富的动植物碎屑，较杂乱的流淌纹
荧光	明亮的蓝白，白色调重，荧光中有时有条状的流纹	强蓝色
偏光镜	七色光幅宽，色彩明显	色彩很明显
手感	手摸黏手，手感较软	手感较黏手
净度	很好	纯净～不纯净
图例		

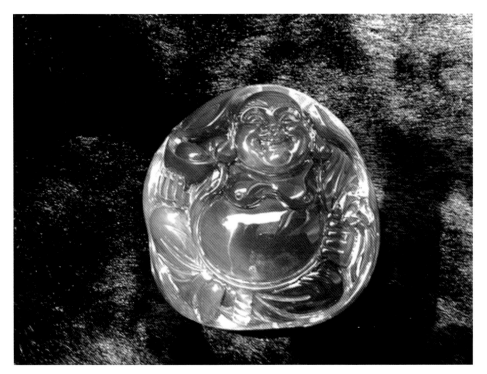

墨西哥蓝绿

第六章 琥珀的欣赏

琥珀和蜜蜡，曾被诗人称为时光的固化，瞬间的永恒。它们凝结着千百万年的生物能量，蕴含着无数神奇的传说，散发出独特迷人的魅力。它们不仅是树脂掩埋而形成的化石，而且是自然与人类情感的凝聚。

纯净透明的明珀，让人心绪宁静、清爽、舒畅；如黄金一般诱人的金珀，散发出金色光芒；热情奔放的血珀，温暖怡人。而内敛且幽深的蜜蜡，充满了蜡质光泽，在古代被称为"北方之金"，古代皇帝贵妃们视蜜蜡为吉祥之物，同时也象征着权力、身份和地位，特别是明黄色的蜜蜡，自清代始就是皇家的专利。更有蜜糖黄、牛油黄等，质地明润，色彩鲜丽。琥珀蜜蜡是大自然的赐予，从不同角度看它都有不同的感觉，甚至折光度也不一样，整体散发出灵性的光泽。

欣赏是一种艺术，品鉴琥珀，不仅是欣赏它外在的美感，更有其深植的内涵。它可以是儒家的礼仪、仁义、中和、含蓄、温雅、充实，可以是道家的朴素、自然、虚静、超然，可以是禅宗的空灵、澄怀、淡泊、孤寂、禅悦、平常心，可以是民族文化中的祥和、喜气，甚至可以是日本的禅寂、物哀，也可以是中西文化的会通与交融。

我们欣赏琥珀，无论东方还是西方，过去还是如今，从来都凝聚着对事物的专注力，连接着来自天地宇宙的灵感能量，潜心于它的一片寂静纯粹里。放下尘世纷扰，重整着看待自我与人间的种种态度，也使我们的头脑与心灵在此一同净化澄明。它带给我们的不仅是审美的愉悦，更有一种静朗的人文情趣，一种不事张扬的平和心境，一种涤除尘虑的生存方式。

第一节　金蓝琥珀与金绿琥珀

缅甸金蓝

明月的流光，映在它身上，立在光的
泉上；星天的清响，梦里的芬芳，它
是明月的梦吗。

潋潋的波光，潺潺的流淌；星河绕
月，白云流空；缕缕的情丝织就生命
的憧憬，远古世界可有深秘的回音。

在金珀的表面有略微蓝光浮于其上，在白光下呈现出绿光或蓝光，黑布下蓝光越
发浓烈，阳光下呈现微绿的蓝光。金蓝两色对比鲜明且有深浅层次的变化，色彩丰富
微妙，通常基底明净，散发耀眼光泽。

缅甸金珀爆金花　　　　　　　　　　　　　　　　　　　缅甸金珀红雨

《牡丹芳》唐 白居易

黄金蕊绽红玉房。千片赤英霞烂烂，百枝绛点灯煌煌。照地初开锦绣段，当风不结兰麝囊。仙人琪树白无色，王母桃花小不香。

缅甸金珀带水胆

水胆在琥珀中是极其稀少的品种，它比虫珀的发现概率要小很多。能把一滴远古时期的水包裹在琥珀里保存至今，并透过晶莹的琥珀看到它流淌着的生命，反射着太阳的光辉，这真是奇迹！

金珀一般透明度很高，色彩鲜明夺目，质地剔透晶莹，十分富丽华美，是名贵的琥珀，如黄金般光辉灿烂的颜色，散发着金色光芒，古人誉为"财石"，人们相信其金色的光辉会带来幸运，也会带来更多美好的社交机会。

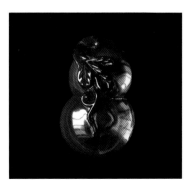

金绿琥珀 墨西哥金绿

123

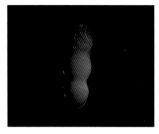

色彩深厚且富于变化

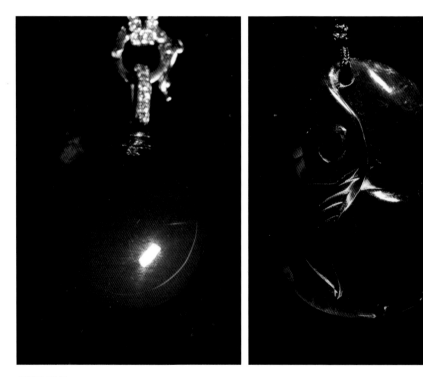

多米尼加金绿
绿阴如梦，碧萝边浓重的绿阴，浓梦中的热烈，酝酿着明春之花，一届黄昏，就深藏到绿叶的沉梦里。

第二节　血珀与金红琥珀

　　大部分的缅甸血珀呈现酒红——深酒红的体色，色彩纯正饱满，富丽鲜明，浓艳而深厚，渗透着造化自然强烈的感情。它的色彩纯正浑厚，艳而不俗，洋溢着丰满的重彩情调，

　　上品者称为"樱桃红"，色泽艳丽，堪比熟透的樱桃。缅甸血珀变化不多，色调单纯却生动有致，格调既明快又沉静，浓郁而不沉闷，瑰丽而雅致，充满了优雅的美感。它的明亮如同朝露、如同眼波，清澄宛转又温暖多情。

　　没有似血般红艳凝重的色彩，质地却格外清透亮丽。作为血珀之芯的金红珀，有着自己独特的魅力。当光线进入琥珀内折射出一片金黄，不经意间就会被那种流金溢彩的景象所沉醉，整个琥珀像一个小太阳，发出摄人心魄的光辉，拥有它，就像拥有了一个太阳。

缅甸血珀—金红（果冻质地）
色彩亮丽，明媚娇艳

缅甸金红爆金花
渐层的色彩如在日光中闪烁

缅甸标准金红

缅甸血珀——爆金花
色泽红艳而不泛黑，质地完美，表皮上有细碎微弱
的冰裂纹，产地特征明显。

第三节　缅甸琥珀的特殊品种

一、柳青琥珀

　　它有蝴蝶翅的翩翩情致，它有玫瑰粉的一缕温馨，它与疏林透射的斜阳共舞，它泛着黄昏初现的冷月银辉。柳青琥珀以深浅不同的青绿色系为主，色彩明秀，清润瑰丽，似阳春信至，碧波荡漾，翠岫葱茏，天地间春意勃发的融融景致，其间山光水色，苍翠欲滴，气象悠远。

　　它或浓或淡，亦浅亦深，带着早春嫩柳清新柔和的怀想，闻听盛夏雨后丰郁绿叶的悠悠吟唱，终于泛出秋日果实微带黄调的成熟光泽，静静诠释着大自然中万物的生机与成长、茂盛与茁壮。

　　柳青珀又称缅甸绿珀，它不同于金珀带绿光的金绿珀，本身即呈现出绿色或黄绿色，堪比早春绿柳。白布下为绿色呈现黄色，阳光下泛紫泛蓝，黑布下则为粉红色。柳青珀体色多较浅淡，少数颜色比较浓重。

二、红茶琥珀

菊花台

雨轻轻弹　朱红色的窗

我一生在纸上被风吹乱

梦在远方化成一缕香

随风飘散你的模样

菊花残　满地伤

你的笑容已泛黄

127

花落人断肠 我心事静静躺

北风乱夜未央

你的影子剪不断

徒留我孤单在湖面成双

红茶琥珀似乎总带点落花无言、人淡如菊的况味，上品者，珀质如水一般清澈无垢，凝眸遐想。那一盏红润剔透的汤色，"邀友品茗"满是闲适自在的文人之乐，渔舟唱晚，夕阳红醉，谁钓尽了天涯明月，谁笑看了风雨飘摇。它的高贵从不在表面的华丽与否，而是会心赏玩间传递出的从容淡定，让我们学会了敬畏、尊重与谦和。

三、黄茶琥珀

缅甸茶珀

从来佳茗似佳人，一杯香茶一种闲情，带给人们的是一种生活的安逸。清淡里的隽永悠长，山川之间最美好的灵气，天地之间最调和的气氛似乎都在这茶色之中了。一切明净，几乎是静止的永恒。那似浓似淡的茶汤，泛起的是历史的浮尘，翻开的可是昨日的记忆？

四、紫罗兰琥珀

如果说抚顺琥珀的美，如同一朵卓立的芙蓉，须得有缘，方能欣赏，那么缅甸琥珀的美，则如同一朵盛开的牡丹，直接引领着审美的高潮，开朗得让人摆脱了俗世的束缚，直面生机勃勃的自然。它可以让我们随性而来又尽兴而去，一个注视便能映照起某个时段的激情，似乎是吸收了大千世界的终极绚烂而呈现出最自然天成的灵动魅力。

缅甸紫罗兰 色如红酒

缅甸紫罗兰蓝紫 风情万种的妖冶佳人

五、金棕—棕红琥珀

顶级棕红琥珀
有血珀浓烈的艳红色，却无血珀开裂的危险

缅甸棕红珀《琥珀主》

缅甸棕珀带蜜

缅甸金珀与棕红珀的混合

六、根珀与黳珀

黳珀是一种十分稀有的品种，它质地细腻柔润，在正常光线下呈赤黑色，在强光的照射下透露血赤色。古籍中记载，黳珀为"众珀之长，琥珀之圣"，国外也称之为黑琥珀。它有三个显著特点：色黑、目视不透明、透光红色。高品质的黳珀油性特别重，色润而清，质地细腻柔润，是十分稀有的品种。

黳珀的药用价值很高，可除血脂、降血压、解毒。古来相传琥珀为黳，状似玄玉，出西戎，大则方尺，色润而清。而李时珍则阐明一"黳"及琥珀之黑色者，或因土色熏染，或是一种木磐结成血珀，因经历过大冰河时期而风化硬化，逐渐构成天然黑色黳珀。欣赏黳珀一定要强光透射下才能看到里面醇美的酒红和鲜艳的色泽。

缅甸黳珀

根珀的美，美在自然。这或许是当今人们崇尚自然主义与个性风格交相辉映的结果。这里或许有清风明月，或许有玉树琼林，或许有游云松影。在这里，自然成就了一种高雅别致的情调。

缅甸根珀

缅甸金绞蜜

第四节　波罗的海琥珀的特殊品种欣赏

一、白色琥珀

　　白蜜蜡，因其质白如骨，所以也称骨珀、象牙白、香珀等。白色是琥珀蜜蜡中很稀少的颜色，以其天然多变的纹路为特征，也可以与其他颜色伴生。白色琥珀清雅高贵，又被称作"皇家琥珀"。白色琥珀的琥珀酸含量极高，香气浓纯，体温微微加热即可闻到馥郁芬芳的琥珀香，而且白蜜蜡受热后释放的气息与众不同，松香中混合着淡淡的薄荷味道，那是一种诗意的芬芳、自然的韵味。一件白蜜的品质高低主要看它的白度、质地及大小，三者俱全则属上品。

　　最能让人畅想品味的色彩，也许并不是显眼夺目的红色，而是清雅的白色。它的色彩，是一种"无色之色"，朴素的单纯，却带着一种与生俱来的高贵。在白色的世界里，有洁净的天地，有幽幽的玄想，有禅的冷寂，有道的虚灵。这其实是一种极为绚烂的万色之色，极具意蕴的雅致之色，极有哲趣的真实之色。如月色轻纱

131

的白，淡淡的黄，总能透出一种不俗的气质，温婉、宁静、含蓄、渊澄。这是一种"绚烂之极归于平淡的美"，它有诗一般的韵味，有玉一般的风骨，既有儒家的典雅，又有道家的幽玄。最能代表中式的韵致，那一方无限品味的空间。

二、金搅蜜与蜜蜡

莹白的雪，深黄的叶，那是宇宙的诗心。

千万年生命的律动，如同海洋上翻卷的云波，照见海天的蔚蓝无尽。

又似琴弦上流淌的音韵，缭绕了松间的秋星明月。

那带有韵律感的旋涡图纹，则变成了所有自然事物的共有形态，如火焰，如云气，如海浪，如山丘，这些流动着的纹样给蜜蜡的朴素带来了别样的浪漫，让琥珀的明艳渗透了些许的温柔。波罗的海琥珀色彩不多，大量出现的只有鹅黄、葱白等洁净而自然的色彩，远不及缅甸珀、多米尼加珀那种绚彩斑斓的浓艳色调。但那丰腴而富有生命力的装饰纹理，充满质朴与纯真的韵味。韵者，美之极也，行于简易闲淡之间而深远无穷。这种简朴平淡，是洗尽风华后的内敛，似淡而实美，而这，正是波罗的海琥珀蜜蜡最耐人寻味的地方。

波罗的海蜜蜡——"牛奶咖啡"

水云间

如果说，水可以让人看懂生命的流逝，云则能让人寻到生命的本真。山中无所有，岭上多白云。垒垒浮名，怎能握住白云闲心的畅快？行至水穷处，坐看云起时。冷幽的低谷，也是白云起飞的源头。当一片闲心能被白云留住的时候，或许也就有了宠辱不惊的豁达与从容。去留无意，漫随天外云卷云舒。

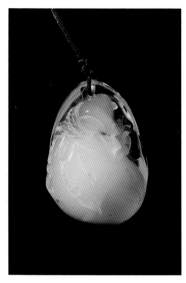

波罗的海珍珠白蜜（压清）

第五节　蓝珀

多米尼加产出的蓝珀是真正意义上的蓝珀。它的蓝光纯粹而稳定，在任何背景和光源下均散发出纯正耀眼的蓝光，空灵绝美，不静不喧。它的华丽，是所有琥珀中精致之美的巅峰，那是一种夺目的美，也是一份妍丽至极的优雅品味。

那清冷的蓝光，是我晴天的流星，幽然起灭于蔚蓝天空里，是我心中的明月，清光长伴碧夜的流云。它是蓝天的星光，月华的留影，是深蓝碧空下卷起海潮的波音。

多米尼加蓝珀常呈现美丽的淡金色调，更有诱人的蓝光飘游其上，独具瑰丽神秘的奇幻色彩。它在白光下就能呈现明显的紫蓝色光，色彩协调又丰富，幻彩间充满变化，呈现美丽的渐层效果。

我喜欢琥珀的天然与恒久，也喜欢它的沉寂与温柔。

一滴松脂，如一滴硕大的眼泪，突然就粘住了浮生与红尘。

不能早一步，亦不能晚一步。就是那样，疼痛的禁锢，霸道的恩宠，一辈子，十辈子……

有多么残忍，就有多么坚贞。

有谁会懂？琥珀的心思。

琉璃的透彻，星辉的斑斓。比流逝的时间与善变的人心更永恒。

像亿万年前的那段岁月。

那一枚多情的印记，终在泛黄的时光里，凝结成了琥珀。

连遗忘都没有力气。

只是，多年后的多年后啊。原来。暖的一直是记忆，凉的永远是光阴。

低眉一叹，纵沧海桑田的变幻，亦抵不过相遇的一个晨昏。

第一节 琥珀品质的等级划分

一、光泽：强弱、特征

  光泽的强弱对于琥珀来说非常重要。一般来说，光泽强的琥珀生成的年代久远；光泽弱的琥珀生成的年代较晚。光泽的强弱反映了琥珀生成年代的长短，中国辽宁抚顺琥珀形成的年代最久远，所以其光泽在琥珀当中最强。有些波罗的海琥珀的光泽较弱，经过检测发现它们的形成年代较晚。甚至有些品种的形成年代太晚而不能称为琥珀，只是一种硬树脂，这些硬树脂的光泽是很弱的。同样道理，柯巴树脂的形成年代更晚，其光泽则更弱。

  光泽的强弱还显示着琥珀硬度的大小，越是坚硬的琥珀光泽越强，越耐久，其相对价值越高。光泽的强弱还体现了琥珀结构的紧密与疏松，结构越紧密其光泽相对越强，结构越疏松其光泽越弱。当然，光泽的强弱还与抛光程度、雕刻形态及化学成分等有关，不同产地、不同品种琥珀的光泽强弱不同。

  不同产地的琥珀不但光泽强弱不同，而且其特征也不一样。如缅甸琥珀的光泽不仅很强，而且带有一点油脂感；辽宁抚顺琥珀的光泽更强，但往往带有一点黑色色调感；多米尼加琥珀的光泽较强，且带有一点水润的感觉，使琥珀显得很明亮；波罗的海琥珀的光泽一般，并且带有一点漂浮的感觉；树脂的光泽一般较弱，并且带有凝胶的感觉。光泽的特征与琥珀的化学成分、微量元素、内部结构，以及光在琥珀当中的内反射、内散射、透射和反射有关。

琥珀的光泽按强弱来分有以下几种：（琥珀的光泽有树脂—油脂—玻璃光泽）

（1）极强，反射光特别明亮，表面像镜子，映像特别清晰、锐利。

（2）很强，反射光明亮，表面像镜子，映像清晰、较锐利。

（3）强，反射光明亮，表面能见物体映像，影像较清晰。

（4）较强，反射光较明亮，表面可见物体影像，影像不清晰。

（5）较弱，反射光不明亮，表面能见物体映像，但影像较模糊。

（6）弱，反射光很不明亮，几乎没有物体影像。

如果光泽很弱，基本上就不是琥珀了，而可能是树脂类。

琥珀的光滑度与光泽的强弱有直接的关系，光泽越强，光滑度越好；光泽越弱，光滑度越差。如果手摸黏手，则基本上就不是琥珀了，可能是树脂类。在琥珀的加工工艺中一般都要进行覆膜处理，膜的厚薄对琥珀的光泽和光滑度都有影响，但一般来说膜很薄，对琥珀的光泽和光滑度影响不大。这层很薄的膜对琥珀可以起到保护作用。

墨西哥琥珀光泽度强

缅甸琥珀光泽度很强

二、颜色：浓郁、纯正

琥珀的颜色要浓郁、纯正。由于不同品种琥珀的颜色色调不同，浓郁程度、纯正程度也不同。

当琥珀颜色浓郁且纯正时为A级，当颜色较浓郁或较纯正时为B级，当颜色浓郁一般或纯正程度一般时为C级，当颜色浓郁程度浅淡时或纯正程度差时为D级。

三、质地：透明度、结构（致密度）

琥珀的质地是指其透明度和结构的紧密程度。透明度的高低是质地好坏的一种表现。透明度分成：A（很透明），B（较透明），C（透明度一般），D（透明度差）。紧密程度是琥珀生成年代久远的一种直接表现，年代越久远的琥珀越紧密，透明度也往往越好。

四、净度：纯净度、裂纹

净度是指纯净度，是指特征的多少、大小及显示程度。在琥珀的净度中裂纹也算是一种特征，它的存在更加影响了琥珀的纯净度，而且还影响琥珀的耐久性。

净度分成：A（非常纯净），B（较为纯净），C（纯净度一般），D（纯净度差）。

五、体积：用料的重量

体积是指雕刻所用料的多少，不同的造型用料则不相同。圆球用料相对最多，规则图形用料较多，随形一般用料最少。行内一般用克来计量。

六、雕工：形态、完美度

形态要求饱满，光身雕刻价值最高。雕刻花纹越繁琐，其价值往往越低。雕工可分成：A（很好），B（好），C（一般），D（差）。

七、幻彩：颜色、强弱

幻彩的颜色要纯正，如蓝色以纯蓝色为最佳，即天空蓝。

如天空蓝不含其他色调，极强为 10 分，稍强为 8 分，中等为 6 分，稍弱为 4 分，很弱为 2 分。

当天空蓝含有其他色调，如含有绿色色调时，极强为 5 分，中等为 3 分，很弱为 1 分。

当幻彩出现白光时要减分，也就是当琥珀在日光下表面出现白茫茫的光泽时，琥珀的价值要减值，当无白光时为 1 分，稍有白光时为 0.8 分，白光明显为 0.6 分，白光较强时为 0.4 分，白光强时为 0.2 分。当白光很强时可能就不是琥珀了，而可能是树脂。

八、金珀评价标准

1.颜色要浓郁纯净。金珀的颜色是判定品质的首要因素，因为颜色最为直观，只有颜色呈现为浓郁纯净的黄色或金黄色的琥珀才是优质金珀，其他如淡淡的黄色、夹杂其他颜色的黄色等都不能算作优质金珀的颜色。

2.质地紧致又光泽。金珀的质地是一个重要因素，首先，金珀看上去顺滑有光泽，美观度好，有想触摸的冲动；然后，拿在手里要舒适柔滑，触感良好。

3.透明度要好。金珀的透明度决定着金珀品质的高低，通常透明度低的金珀，内含的杂质非常多；透明度高的金珀，内含杂质少，品质自然高，美观度也相应提高很多。

金珀分三个等级：一级为上，二级为中，三级为下。同为一级颜色以越接近金黄色等级越高，同为一级透明度越好等级越高，同为一级纯净度越好等级越高。也就是说，天然抚顺金珀同为一级，颜色金黄、透明度高、里面毫无杂质的为上品；颜色米黄、透明度好、里面无杂质的为中品；颜色土黄、透明度好、里面稍有杂质的为下品。二级和三级的主要差别在透明度和纯净度上。

血珀也像抚顺金珀一样，质量的好坏主要看色彩、透明度和纯净度（里面有无杂质）。天然抚顺血珀同为一级，颜色鲜红、透明度高、里面毫无杂质的为上品。

还有一种翳珀，有人认为是血珀的一种。这是一种在普通光线下看是接近于黑的暗红色的琥珀，但在阳光或灯光下看，透过来的是鲜红色。这种琥珀在抚顺珀中较常见，价格相对比较便宜。这种血珀同样分等级，同为一级颜色以越接近鲜红色等级越高，同为一级透明度越好等级越高，同为一级纯净度越好，杂质越少等级越高。

天然的花珀分三个等级：一级天然花珀白的多（越白等级越高），纹理清晰、连贯，花纹优美连成片；二级天然花珀发黄，纹理清晰、连贯，花纹一般；三级天然花珀黑多白少，纹理连贯，花纹普通。花珀的成因不祥，可能是高温形成（现在烤制的花珀就是将普通琥珀高温加热后形成的），也可能是别的树脂（柏树、杉树、蕨类、桃树等）混合形成。天然花珀新品花纹是白色的，但随着时间的推移，以及人的佩戴、把玩等，花珀的白色花纹会随之变黄，但变化的程度是很慢的，有些要经过 3～5 年才能感觉出来。而且这种黄看上去有一种老古董的味道，与二级的黄是根本不同的。比较后可看出老花珀比较偏黄，黄中透着古朴，有一种老的味道，而二级花珀黄中偏灰一点，一比较就很容易看出来。

缅甸琥珀中的紫罗兰备受玩家追捧，颜色来源于珀体内部的致色粒子吸收阳光中的紫外线反应出来的颜色。常见的紫罗兰多为缅甸金棕珀和棕珀，珀体透明或半透明，日光下泛着紫蓝色或淡紫色的光，称其"紫罗兰珀"。它和缅甸琥珀表面浮现的"机油光"不是同一种东西。当然不是所有的棕红都有紫罗兰效果，同一批的棕珀珠子只有几颗具有很好的紫罗兰效果。与多米尼加蓝珀一样，致色原理都是内在的。紫罗兰色是混色效应，十几种颜色光线的混合。

第二节　琥珀价值评估实例

2014 年完美血珀市场的参考价为 8000 ~ 10000 元 /g，完美金珀市场的参考价约 5000 元 /g，完美棕珀市场的参考价约 3000 元 /g。

例 1：缅甸金兰琥珀

1. 分析

幻彩为蓝绿色，强度为弱，即 2 分；

光泽很强为 B，质量分数为 75%；

颜色较浓郁为 B，质量分数为 75%；

质地较透明为 B，质量分数为 75%；

净度一般为 C，质量分数为 50%；

雕工好为 B，质量分数为 75%；

无白光，强弱级别为1；

体积用料约为25g。

2. 评估

市场价值 = 5000 × 2 × 0.75 × 0.75 × 0.75 × 0.50 × 0.75 × 1 × 25 = 39000 元。

例2：缅甸金蓝琥珀，重20g

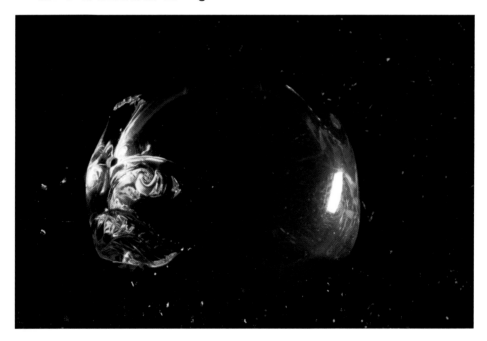

1. 分析

幻彩为蓝绿色，强度为很强即4分；

光泽很强为B，质量分数为75%；

颜色较浓郁为B，质量分数为75%；

质地透明一般为C，质量分数为50%；

净度较纯净为B，质量分数为75%；

雕工一般为C，质量分数为50%；

白光较明显，强弱级别为0.7；

体积用料约为25g。

2. 评估

市场价值 = 5000 × 4 × 0.75 × 0.75 × 0.50 × 0.75 × 0.50 × 0.7 × 25 = 37000 元。

例3：缅甸红茶珀带蓝光，重为20g

 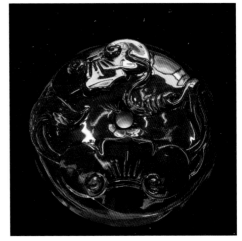

1. 分析：

幻彩为蓝紫色，强度为很强，即4分；

光泽很强为B，质量分数为75%；

颜色较浓郁为B，质量分数为75%；

质地透明一般为C，质量分数为50%；

净度较纯净为B，质量分数为75%；

雕工好为B，质量分数为70%；

稍有白光，强弱级别为0.8；

体积用料约为25g。

2. 评估：

市场价值 = 5000 × 4 × 0.75 × 0.75 × 0.50 × 0.75 × 0.75 × 0.80 × 25 = 63000 元。

例4：缅甸金兰，重20g

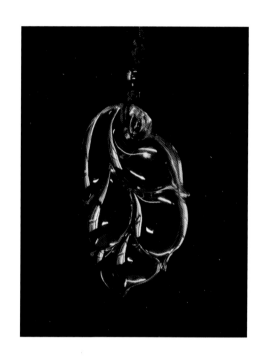

1. 分析

幻彩为蓝绿色，强度为中等，即3分；

光泽很强为B，质量分数为75%；

颜色浓郁一般为C，质量分数为50%；

质地透明好为A，质量分数为95%；

净度较纯净为A，质量分数为95%；

雕工一般为C，质量分数为50%；

白光较明显，强弱级别为0.8；

体积用料约为25g。

2. 评估

市场价值 = 5000 × 3 × 0.75 × 0.50 × 0.95 × 0.95 × 0.50 × 0.8 × 25 = 50000 元。

例5：多米尼加蓝珀，重6g

1. 分析

幻彩为纯蓝色，强度为极强，即10分；

光泽极强～很强为A，质量分数为90%；

颜色较浓郁为A，质量分数为95%；

质地很透明为A，质量分数为90%；

净度很纯净为A，质量分数为95%；

雕工很好为A，质量分数为95%；

无白光，强弱级别为1；

体积用料约为9g。

2. 评估

市场价值 = 5000 × 10 × 0.90 × 0.95 × 0.90 × 0.95 × 0.95 × 1 × 9 = 310000 元。

例6：多米尼加蓝珀，重20g

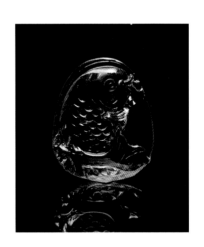

1. 分析

幻彩为纯蓝色，强度为强，即6分；

光泽很强为B，质量分数为75%；

颜色浓郁一般为C，质量分数为50%；

质地透明为B，质量分数为75%；

净度一般为C，质量分数为50%；

雕工好为B，质量分数为75%；

无白光，强弱级别为1；

体积用料约为25g。

2. 评估

市场价值 = 5000 × 6 × 0.75 × 0.50 × 0.75 × 0.50 × 0.75 × 1 × 25 = 80000 元。

例 7：墨西哥金蓝，20 g

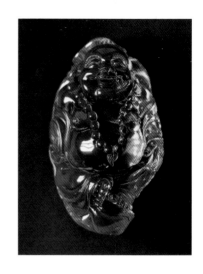

1. 分析

幻彩为蓝绿色，强度为中等，即 3 分；

光泽很强为 B，质量分数为 75%；

颜色较浓郁为 B，质量分数为 75%；

质地较透明为 B，质量分数为 75%；

净度一般为 C，质量分数为 50%；

雕工好为 B，质量分数为 75%；

稍有白光，强弱级别为 0.8；

体积用料约为 25 g。

2. 评估

市场价值 = $5000 \times 3 \times 0.75 \times 0.75 \times 0.75 \times 0.50 \times 0.75 \times 0.8 \times 25 = 47000$ 元。

例 8：缅甸棕红珀，重 10 g

1. 分析

幻彩为蓝色，强度为弱，即 2 分；

光泽很强为 A，质量分数为 90%；

颜色较浓郁为 B，质量分数为 75%；

质地很透明为 A，质量分数为 90%；

净度一般为 C，质量分数为 50%；

雕工好为 B，质量分数为 75%；

无白光，强弱级别为 1；

体积用料约为 13 g。

（此为棕红但偏红，市场单价应为 5000 元 /g）

2. 评估

市场价值 = $5000 \times 2 \times 0.90 \times 0.75 \times 0.90 \times 0.50 \times 0.75 \times 1 \times 13 = 29000$ 元。

例9：墨西哥棕红带蓝绿光，重20g

1. 分析

幻彩为蓝绿色，强度为中等，即3分；

光泽较强为B，质量分数为75%；

颜色较浓郁为B，质量分数为75%；

质地较透明为B，质量分数为75%；

净度一般为C，质量分数为50%；

雕工好为B，质量分数为75%；

白光明显，强弱级别为0.6；

体积用料约为25g

（此为棕红稍偏红，市场单价应为4000元/g）

2. 评估

市场价值 = $4000 \times 3 \times 0.75 \times 0.75 \times 0.75 \times 0.50 \times 0.75 \times 0.6 \times 25 = 28000$ 元。

例10：缅甸棕红紫罗兰，重20g

1. 分析

幻彩为蓝紫色，强度为中等。即3分；

（里边含有紫色）

光泽很强为B，质量分数为75%；

颜色较浓郁为B，质量分数为75%；

质地透明度一般为C，质量分数为50%；

净度较好为B，质量分数为75%；

雕工好为B，质量分数为75%；

稍有白光，强弱级别为0.9；

体积用料约为25g。

（棕珀为3000元/g，此珀为棕红，稍有红色色调，故应为3500元/g）

2. 评估

市场价值 = $3500 \times 3 \times 0.75 \times 0.75 \times 0.50 \times 0.75 \times 0.75 \times 0.9 \times 25 = 37000$ 元。

蜜蜡的分级及评价：

(1) 琥珀的致密度：致密度很好为 100 分，致密度好为 75 分，致密度一般为 50 分，致密度差的为 25 分。这是指蜜蜡的致密即紧密程度，当致密度很差即结构松散时，则可能就不是琥珀了。

(2) 琥珀的温润程度分四个级别，温润程度是专指琥珀的油润程度，观察时感觉琥珀的油脂脂肪最多为佳，且不浓、不厚、不清、不淡。A 为温润程度最佳 100 分，B 为温润程度稍浓或稍淡 80 分，C 为温润程度一般 70 分，D 为温润程度较差 50 分。

(3) 琥珀的颜色分白色、黄色、红色等，每一种颜色又分成 A 亮丽 100 分、B 较亮丽 80 分、C 颜色一般 70 分，D 颜色较差 50 分。

(4) 花纹分级：根据花纹的美丽程度可分成很好 100 分、好 90 分、一般 80 分、差 70 分。

(5) 净度分级：根据内、外部特征及裂纹的严重程度可分成很好 100 分、好 80 分、一般 60 分、差 40 分。

(6) 雕工分级：形态要求饱满，光身雕刻价值最高，雕刻花纹越繁琐其价值往往越低。雕工可分成 A 很好 100 分，B 好 80 分，C 一般 70 分，D 差 60 分。

(7) 体积是指雕刻所用料的多少，不同的造型用料则不相同。圆球用料相对最多，规则图形用料较多，随形一般用料最少。行内一般用克来计量。

例 11：波罗的海珍珠蜜烤色，重 10 g

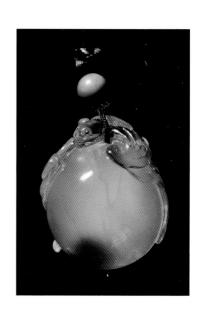

1. 分析

致密度为好 B，质量分数为 75%；

温润程度为 B，质量分数为 80%；

颜色为珍珠白加黄色，质量分数为较亮丽 90%；

花纹为好，即 B，质量分数为 90%；

净度为好，即 B，质量分数为 80%；

雕工很好，即 A，质量分数为 95%；

体积用料约为 13 g。

2. 评估

市场价值 =3000 × 0.75 × 0.80 × 0.90 × 0.90 × 0.80 × 0.95 × 13=14000 元

例 12：波罗的海鸡油黄蜜蜡，重 10 g

1. 分析
致密度为好，即 B，质量分数为 70%；

温润程度为 B，质量分数为 80 g；

颜色为珍珠白加黄色，较亮丽，质量分数为 80%；

花纹为好，即 B，质量分数为 75%；

净度为好，即 B，质量分数为 80%；

雕工好，即 B，质量分数为 80%；

体积用料约为 15 g。

2. 评估
市场价值 =3000 × 0.70 × 0.80 × 0.90 × 0.75 × 0.80 × 0.80 × 15=11000 元

例 13：波罗的海压清、爆花、烤色琥珀，重 3 g

市场参考价为 200 元 /g。

市场价值 =3 × 200=600 元

例14：缅甸血珀酒红，重18g

1. 分析

幻彩无，强度很弱，即1分；

光泽很强为A，质量分数为90%；

颜色较浓郁为B，质量分数为80%；

质地透明较好为B，质量分数为75%；

净度较纯净为B，质量分数为75%；

雕工好为B，质量分数为75%；

无白光，强弱级别为1；

体积用料约为25g。

2. 评估

市场价值 = 9000 × 1 × 0.95 × 0.75 × 0.75 × 0.75 × 0.75 × 1 × 25 = 68000 元。

琥珀的市场价与批发价之间存在一定的关系，见下图

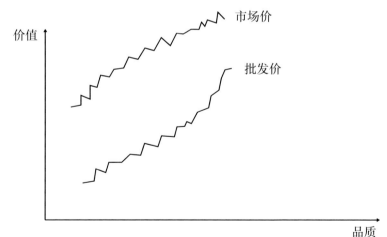

琥珀的市场价与批发价之间的关系图

　　品质越好，市场价与批发价差值越小；品质越差，市场价与批发价差值越大。

　　未来几年多米尼加蓝珀价格高位会持续稳定，墨西哥蓝珀可能会是蓝珀投资的新方向。波罗的海优质蜜蜡料（重量和品相的结合），因其红、黄、白色契合国人的审美标准，历史上有着皇家、佛教两大概念的支撑，今后会更加深入人心。

第八章
老琥珀与老蜜蜡

第一节 老琥珀

　　琥珀是一种古老的宝石饰品材料，作为宝石，也有近 6000 年的历史。老琥珀与老蜜蜡在岁月的沧桑中形成，默默凝结了千年的风华，有的通体透明，有的丝丝飘渺。琥珀是佛教七宝之一，最适合用来供佛灵修，同时具有强大的辟邪化煞能量。佩戴琥珀饰物能辟邪和消除强大的负面能量，是经常外出的人保平安的最佳饰物。西方古时候把它当作除魔驱邪的道具。按照中国传统医学的观点，它是一种良药，可安神、利尿、治疗风湿病。如中国古书《山海经》上说"佩之无瘕疾"，意思是经常佩戴不容易生病。

　　天然琥珀的时间越长颜色会变得越深，表面会氧化发红。老琥珀是经历足够年份而形成的琥珀，这种琥珀数量稀少，极其珍贵。

　　老琥珀是使用年代久远的琥珀，它经过前人的雕琢，并有岁月形成的风化纹表皮。波罗的海琥珀很早就传入我国，老的波罗的海琥珀的皮壳有两种品相：一是传世品，二是出土品。

　　琥珀和蜜蜡的颜色均会随着年岁的增长而成深色，经历年代愈久或愈老，表面的氧化层愈厚，形成的色调愈深，呈现出更富光泽的古色，它们很可能仅在一百多年内从蜜糖黄色变

成红褐色。明清时期传世的蜜蜡皮壳一般都氧化发红，但是红到什么程度，可以说每个都不同。目前老琥珀的身影在市面上并不常见，但也不是不存在，其中更是不乏假冒的老琥珀。因此，遇到老琥珀一定不能大意，要仔细观察甄别，老琥珀的辨别技巧大致有以下几种：

1. 风化纹鉴别

风化纹是老琥珀的特征之一，天然形成的风化纹分布均匀，过渡自然，看上去有裂纹，摸起来却触感光滑，俗称"蜻蜓翅"。"蜻蜓翅"与平常所见的波罗的海琥珀皮壳不同，它是人工打磨后再经岁月的痕迹，表面是光滑的，纹路很细小。

波罗的海老琥珀的风化纹（俗称"蜻蜓翅"）和矿皮的特征是不同的。"蜻蜓翅"看上去是网状的，而矿皮没完全磨去时有点像草皮，但不是裂纹。

一些仿制的老琥珀也会伪造出这种类似风化的裂纹，但伪造的风化纹分布不均，如同冰裂，且摸上去有凸凹之感。

2. 外形鉴别

老琥珀在边角和轮廓边缘处多少会有磨损的痕迹，线条变得更加柔和流畅。突出的地方由于频繁的摩擦亮度会更明显，凹陷处的风化纹表面不甚光滑，常有污垢之类的沉积物。而假冒的老琥珀在凹陷处可以完全没有风化纹的存在。

3. 荧光鉴别

天然老琥珀的荧光非常弱，荧光反应像是被外面的风化层包裹住一样，是淡淡的透出来的，多为棕绿、泥绿色，断口呈现较强的荧光反

仿制的"冰裂纹"

应，这点与带外皮的新琥珀一样。然而老琥珀凹陷处的荧光反应不明显，这是由于风化纹路不平整或者有污垢堆积。而内部没有风化到的部分，荧光反应很好。假冒老琥珀则不同，荧光反应没有明暗变化的特性，荧光强度较一致且均匀分布于所有部位。

4. 氧化层及包浆

老琥珀的外表有一层氧化层，氧化层为红黄色均匀分布在琥珀的外层且有一定的厚度。传世品，尤其是佩戴、把玩过的老琥珀表面会覆盖一层带油脂感的透明物质，并包裹其风化纹等年代特征，使之具有更加柔和的光泽及顺滑的手感。

波罗的海老琥珀的深红氧化层及包浆
螭虎的残件，原来是透明金珀，因时间很长而发红色，能见明显的风化纹。所雕螭虎形象和气质符合清代特征，而且细节保存清晰

一个布满冰裂纹的旧胸针，但冰裂没有影响通透感。正面的开片要细密得多。对准底面，透过琥珀拍摄，则开片显得稀疏得多，却似乎比较深

老琥珀冰裂纹
较粗大而疏简的开片裂线纹，类似宋官窑特有的大开片釉纹

155

老琥珀风化网纹
基本上可见粗细之别，是由较冰裂纹短而细密的
裂线纹组成的。 网纹细密且均布相接，颇似宋哥
窑"百圾碎"之小开面釉面，又似宋哥窑的"金
丝铁线纹"

老琥珀中这种细碎开裂的纹路较老蜜蜡中的牛皮
纹相对平整且较细小，其绵密网纹给人以古朴典
雅之感

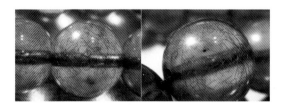

人工仿冰裂纹
老琥珀中仿旧的冰裂纹

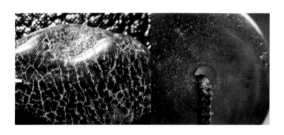

琥珀比新琥珀易辨别，图的裂纹不自然(隙缝内有
点焦黑)，人工仿。左图上是矿裂

天然冰裂纹

左上图为天然琥珀做优化仿老珠，加温的仿冰裂纹很逼真。买老琥珀珠时应带一个 45 倍以上的放大镜，自然的风化纹会因时间、材质、产地等的不同而不同。但在放大镜下仔细观察，冰裂方格内还是有细小微裂纹（见右上图），这是加温优化做不到的。

买老琥珀时，除观察外表风化（有点像橘皮）、孔道等，有时商家对外表加以抛光，不易辨识时，可对向光源看风化冰裂纹，如人工仿、天然冰裂纹二图片。

切面琥珀标本＋风化表面标本。准确地讲不是冰裂，估计是保存不善而形成的，表面为带有破碎感的渣状，肉眼可以看见不均匀的黄色粉末，有一撮圆形开片，应为优化产品。

优化略有爆花的蛋面琥珀

现代东欧产品。经过优化，故意烤黑表面，然后再将一些面切出来，可以得到斑驳的闪光效果，有点像玳瑁花纹，感觉也有点像东欧的切面水晶玻璃

串珠子是波罗的海未经优化的琥珀。不是所有的波罗的海琥珀都是经过优化的。它是纯天然的金绞蜜

第二节 老蜜蜡

世界上出产蜜蜡的地方不多，主要的产地是波罗的海沿岸以及北欧地区。一般只有或深或浅的黄色蜜蜡，有些还是半透明状的。由于那里的蜜蜡形成年代比较晚，故价格相对较低。丹麦出产的蜜蜡质地很好，颜色纯正，多不透明。中东和东南亚也是出产珍稀蜜蜡的地区，如伊朗、缅甸等，有的在五千万年以上，有的甚至一亿多年，但数量比较稀少。我国抚顺、新疆和西藏地区也有少量的蜜蜡产出。

波罗的海颜色如蜜的老蜜蜡
老蜜蜡佩戴带久了表面会变油润，但其本身的纹路不会像新蜜蜡那么易变化

老蜜蜡除了传世品以外，也有出土者。不论何种来源，常累积了很重的污垢，必须经过清洁与消毒处理，但处理时切忌不可伤及其本质及老风化纹。一段时间后蜜蜡表面则呈现出润泽宝光及细腻的质感，即为"人气"饱满，令人珍爱。 在旧时蜜蜡是贵族专享的饰品，在清代的等级制度里，只有王妃的朝珠才能使用蜜蜡。

波罗的海老蜜蜡珠

一、老蜜蜡的特点

一般传世老蜜蜡具有以下特点：

1. 表面特征

通常老蜜蜡表面会有一些岁月的痕迹，比如表面布满风化纹，或表面坑坑洞洞等。

老蜜蜡的风化纹大体上可分为冰裂纹、网纹等，它有点像瓷器的"开片"，不规则且细密地遍布表面。天然形成的风化纹粗细有别，纹色深浅各异，具有多种层次。但这种"开片"的效果有时并不易被看出，要仔细观察或在放大镜下才能看出很多老蜜蜡的那些风化网纹具有数个不同的层次，纹线的粗细、疏密以及颜色的浓淡合并为润透的风化纹理。多数风化纹粗观似网，细视之则或单线或数线成组，多不交织。而网裂纹直而不硬，曲而不软，线尾以细锋见收，似书画之撇捺收笔，看上去纹似被一层透明质包在里面，表面摸上去是光滑顺手的，俗称带"包浆"。

包浆是使用时间长了之后在物体表面形成的一层类似油脂膜的东西，表面包浆包裹着风化纹。在凹陷处看包浆最为明显。使用中留下的磕碰痕迹，由于形成时间不同，有的地方覆盖了包浆，有的地方则没有。另外，用放大镜观看纹线的两侧，钝而不锐，是长期穿、佩自然磨蹭的见证。而纹线颜色深浅不同，是风化裂纹的形成时间先后不一，环境有别，接触不同物质渐次渗入这些裂线中，积久而成的。

由于老蜜蜡常常聚合了各种风化纹于一体，且具有特定的排列组合，绝非任何人工方式可以仿真。目前虽有不少仿旧的珠子也有所谓的裂纹冒充风化纹，但仔细对比全然不同。通常半珀半蜜或透明的珀质较多的，更容易有明显的"开片"（细密风化细纹），而完全不透明的蜜蜡质的，往往就是表面坑坑洞洞，肉眼看不出"开片"。有的表面风化纹可以感觉到比较深，基本用手可以直接摸出来，肉眼很容易看到，类似牛皮纹。

很多时候，我们在老蜜蜡整体或局部看不见任何开片纹路，但有较浓深的风化色状显现其"老态"（常见老珠两端为多）。这时在合适的光照下用放大镜仔细察看，可见其深色部分并非染色着色面，而是表层风化形成非常细腻的类分子聚合状纹网。

2. 孔道及穿孔部分的老痕

以前打孔的工具类似铁钉，都是用手工来钻孔，部分孔道并不是平整光滑一眼平直的，和老珠子一样，也有的是两面分别钻孔的。如果孔道有绳子穿过，会有绳子磨损孔道边缘的痕迹，痕迹不规则，里面有些许污垢或者颜色偏深。观察孔壁处的开片通常更为明显。老蜜蜡珠往往因珠形、穿佩方式及佩者的活动性质不同，长期下来在其不易触磨的部分，留下较多的自然风化痕迹。

老蜜蜡珠的孔道部分是一个重要的时间记录，即蜜蜡珠因质地不够坚硬且性脆，打钻过程因温度及压力变化，易产生平行于孔道的细微裂纹。而经时日久，细裂纹中渐渗入物质而成深色。这些细微裂纹也因风化作用而出现类似蜈蚣脚或松枝般增生的纹理，更见在这些纹理间因风化而形成的细密网纹，合为多层风化现象，即孔道内的风化纹。

部分老珠外表已经过再抛光处理，只见近现代浅风化纹，唯孔道内依然留下老风化纹而成为历史的见证。多数老蜜蜡珠因其时的制作工具及工艺，致使孔道一边大一边小，但也非常顺畅。偶见老珠孔道内有老工的阶梯痕迹，亦合以风化纹，更显古拙典雅。

另外，老珠的孔口因穿佩紧绳长久磨损，以致逐渐形成喇叭口状或轮齿孔状。老珠中仅有极少部分是初始制作刻意形成异样孔口的。透过孔口及孔道的放大图，可见各孔口有不同的磨损形状，且孔道内显见多边的老风化纹理。在所见的各形各色"老晶蜡珠"，因透明度较高，可以清楚看见孔道内的风化痕迹，在近洞口部分则因佩线磨蚀，故纹理较少，并呈喇叭口状。

3. 烧灼痕

经火烧后先产生颜色变红现象，继而爆裂出多层次浅弧形纹，部分崩失。若继续烧灼，蜜蜡珠则变黑并燃烧。爆裂或因高温或受击打的破口像玻璃口一样，呈贝壳纹。

4. 爆纹及金沙纹

关于爆纹及金沙纹，一般称之为爆星、爆花之老蜜蜡珠，成因均由温度及压力变化导致内部爆出片状、弧状的多层裂痕，造成光线在裂片面上产生反射效果。那些反射金光沙点的原因是全珠由表层而深入肌理，布满极细密的微小爆片，光线反射造成荧光般炫亮的效果。其表面的小爆片常有断崩现象，形成一些细微的新月状风化纹。

5. 老坚珀

在正常光线下呈黑色，在通过特别光束后即见其呈现润红色及爆花纹，非常动人。老坚珀不仅是众珀之长，在国际上也是最高档的老珀珠。此类老珀珠部分颜色稍淡，部分偏棕色，并非都是浓黑深红的。

老蜜蜡外表多类似风干橘皮，俗称"牛皮纹"，因氧化时间长短、或入土或传世、盘玩、打磨抛亮等环境不同，老蜜蜡外壳也有不同变化。

波罗的海红皮老蜜蜡
表面出现颜色变深变红的情况，断面中乃是黄色的蜜蜡，外面已经发红而且产生风化纹的地方，厚度基本一样，而且很自然地包裹着里面没有变化的部分

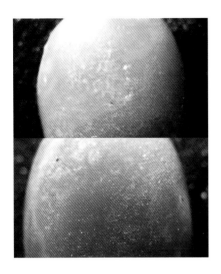

放大的老蜜蜡珠外壳比较

这类风化冰裂纹可初步作为简易判别真老或仿老的标志

开门清代蜜蜡圆珠

清代琥珀的"蜻蜓翅"都很细腻的，不像仿的开片觉得新，而且比较疏

1是以天然蜜蜡珠做加热仿老2是天然波罗的海蜜蜡珠，3是现今的蜜蜡仿珠，这三种珠的外壳都无风化纹。蜜蜡仿珠3的流纹和颜色都比较逼真，判别这类色泽的老蜜蜡珠，需借助35倍以上的放大镜，观察老蜜蜡珠外壳，有风化冰裂纹可供辨识。

清代老收藏
（其中混有一件是经人工加热仿老化的）

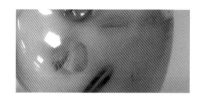

加热的蜜珀

波罗的海老蜜蜡

　　琥珀加热的目的是使蜜蜡局部或整体变得更加通透，或在琥珀内部产生爆裂，形成盘状裂纹即"太阳光芒"，或使颜色加深仿老化等。

　　而首饰件自然氧化以后颜色非常统一，没爆花的琥珀氧化以后颜色比较艳丽，也比较一致，爆花的各种色泽都有，可能是优化改变了表面性质，但仍然会有不同程度的变深。相当一部分琥珀也呈鲜艳的橘红色，欧洲各个年代的老琥珀中都有明显爆花等优化的琥珀。

　　有的是个别大爆花，不排除是优化时随机失手造成的；有的是较均匀的装饰性爆花，爆花太密的有可能是蜜蜡烤制的。早年的工艺不太稳定，但烤色爆花是一种流行。塑料爆花，颜色和光泽都比较死，与真琥珀相比色调有偏差，而且在颜色和质感上琥珀与塑料是截然不同的。天然琥珀的光泽自然温润，而赝品的光泽和质地都显得发冷发硬，内部包裹的东西看上去也感觉僵硬。天然琥珀在阳光照射下，角度不同，颜色深浅和折射不同，而赝品则没有这样的效果。

老蜜蜡吊坠
鸡油黄，有自然氧化痕迹，典型外观，估计有50年的历史

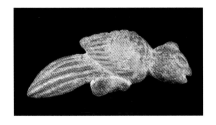

唐代鸟型琥珀圆雕，由于琥珀属于有机质，材质较为脆弱，容易受到环境影响，本作品历经岁月的洗礼，还能保有如此完整的形象，实属难能可贵。长42 mm宽16 mm厚9 mm，重8g)

辽金神人乘龙琥珀挂件

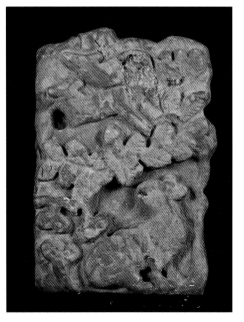

金春水秋山蜜蜡珀牌片

古代辽国地处今黑龙江及蒙古，出土的蜜蜡体现了地域特征。这幅图中还可以看到出土蜜蜡的再结晶

波罗的海鸡油黄老蜜蜡（改制）

二、老蜜蜡主要产地及种类

老蜜蜡大体有两种：一是传世品；二是出土品。目前流传于世的几种老蜜蜡，主要分为中国西藏、阿富汗、印度、欧洲等地的老琥珀蜜蜡，以及中国明清时期的老蜜蜡吉子和饰物。

1. 西藏传世老蜜蜡

西藏传世的老蜜蜡，除了以深浅不一的黄色为主，还有一个特点就是风裂纹多，这主要是那里的气候干燥寒冷而造成的脱水现象，同时还有老蜜蜡本身品质的原因。这种老蜜蜡应该是出产于波罗的海，也有人说是产于中国抚顺的老坑料，还有人说是产于阿富汗等地。产于中国抚顺的说法不太可靠，特别是黄褐色的老蜜蜡，来源应该是波罗的海。另外还有一个特点，就是西藏传世的老蜜蜡的孔洞都很大，这应该是打磨的问题。因为西藏人的钻孔工具普遍落后，以及用来串珠子的皮绳比较粗，一般钻出的孔洞会很大。这个现象不但在老蜜蜡上看得到，也可以通过西藏人普遍喜爱的南红珠子、老玛瑙珠子、老珊瑚绿松石砗磲珠子、老紫檀珠子，老菩提子的木珠子等的钻孔上看到这种显著的孔洞大的特征，这是西藏传世老蜜蜡的一个显著特点。此外，西藏的自然条件十分恶劣，气候严寒干燥，而老蜜蜡的硬度很低，不到2.5，很容易受到自然环境和人为物理因素的影响。即使老蜜蜡的孔洞一开始钻得很小，过不了多久，就会因为风化干燥，以及人们频繁使用，如念经走动等原因，而出现孔洞处的破损，这样逐渐地磨损，孔洞自然会越来越大，如一些饼行老蜜蜡，孔壁经常出现一边厚一边薄的现象。

2. 阿富汗传世老蜜蜡

阿富汗等地的老蜜蜡，实际上阿富汗等地的说法不准确，应该是包括整个伊斯兰地区。不过一直以来人们都是这样称谓的，因此称之为阿富汗传世老蜜蜡。阿富汗传世老蜜蜡，其品种依然是按照深浅不一的黄色和黄褐色来区分的，而外的表现则是出现了不同于西藏老蜜蜡的色泽，例如红色和深红色，这个是判断传世时间长短的主要依据。我们看到的一般是深浅不一的黄色，而出现深浅不一的红色，则是非常珍贵的品种。深红老蜜蜡其本质还是深浅不一的黄色和黄褐色，只是因为那里的气候特点，特别是炎热的气候影响，人们使用时的汗水侵蚀得厉害，而导致表面出现了红色、深红色。可以说，由黄到红，就是判断老蜜蜡年代和等级最主要的一个方法，而这两个色泽——黄、红就是阿富汗老蜜蜡的表面特点。至于孔洞部分，因为钻孔工具先进及技术高超，那里的人很早就已经使用细绳，阿富汗老蜜蜡很少出现孔洞很大的现象，但是会因为长时间暴露于空气和阳光之下而产生孔洞内壁的爆花现象。不过，这只是从有透明的地方可以看到，而不透明的地方则看不到。至于表面的开片问题，阿富汗老蜜蜡也会出现这样的现象，但是和孔洞爆花一样，也是透明的地方看得到，不透明的地方看不到。至于原因，主要是有温差，再加上干燥炎热的气候，很容易出现脱水风化现象。这和西藏老蜜蜡有些相似，但是不同的是，西藏老蜜蜡没有变成深红或者红色的，而阿富汗老蜜蜡有深红或红色的，中国明清时期的蜜蜡也有这种颜色。

说起阿富汗老蜜蜡的产地，则一直是个谜。历史上记载，约旦和黎巴嫩也有出产琥珀蜜蜡的痕迹，这两地的博物馆中，就有琥珀蜜蜡的收藏。因此，很多人猜测，可能产地就在这两个地方。不过，因为这些地区多年战乱，加上开采石油对自然资源的破坏，以及恶劣自然环境的影响，与古代相比这里已经面目全非了。而这些地方使用老蜜蜡珠子的现象是最有特点的，这里酷热无比的气候造成了人们对神灵的崇拜，强烈地需要心灵的依钴，因此，便出现了各种各样的宗教。而这些宗教都是需要人们的心灵安宁，自然最有效的办法就是使用咒语来定心、来凝想，不管是驱邪凝想，还是咒语的计数，都需要借助神奇的自然精灵——蜜蜡和琥珀了。用这个做念珠或者挂饰，人们感觉到了自然的神奇，也更加喜爱和珍藏。因此，这里的人们使用老蜜蜡是流传有序、不容置疑的。

3. 印度传世老蜜蜡

印度等地的传世老蜜蜡，和阿富汗老蜜蜡一样，也是因为受到自然气候的影响，特别是潮湿炎热气候，也造成了那里的老蜜蜡容易发生变红的现象。不过，因为印度接近尼泊尔，也接近西藏，那么这条线一展开就可以说明，这些地区由缅甸、中国云南、中国西藏、尼泊尔、印度、巴基斯坦、阿富汗等地一直贯穿下来，老蜜蜡的交流是很多的。只是因为地区气候、产地品质和喜好的不同，出现了不同的传世老蜜蜡珠子。欧洲因为宗教信仰的不同，那里的人们普遍信仰天主教，而天主教是不用圆形念珠的，因此，那里的人们只有项链。而项链，特别是英国项链，很少看到有圆形、枣形、桶形的老蜜蜡珠子，那里的要求一般都比较高档，需要装饰和切割，普遍切割成椭圆棱形、扁棱形的珠子，还有就是作为雕刻成头像人物的吊坠和挂件，或者盒子和小物件。这一点和中国明清时期的蜜蜡吉子很相似。

4. 中国传世老蜜蜡

中国明清时期，除了明代的蜜蜡吉子，一般都是小物件，作为衣服和帽子上的装饰品，因为那个时候的人们普遍认为琥珀可以驱凶辟邪、定惊安神。而清代则是喜欢用来做朝珠的透明琥珀，不透明的蜜蜡则用来雕小件东西，或者用来镶嵌盒子器物。只有一些少数民族地区，例如北方地区、内蒙、西藏等地才会有蜜蜡珠子的身影出现。大家可以看看明清时期的蜜蜡吉子、帽扣、领花的钻孔就知道，经过这么多年依然都是细小的孔洞，没有因为岁月的增加而磨得很大，最多出现了破损，而不会像西藏传世老蜜蜡珠子一样，有那么大的孔洞。至于那些中国明清老蜜蜡吉子和饰物，只要是到代的，都会变成深红色，但其内部依然是黄色的。至于中国古代老蜜蜡的产地，主要是波罗的海、缅甸以及阿富汗等地。而抚顺的蜜蜡发黑黄，硬度也高，和我们说的老蜜蜡不是同一个品种。抚顺的老蜜蜡叫花珀，一直以来都是非常难得和珍贵的品种。

清代老蜜蜡孔雀对饰

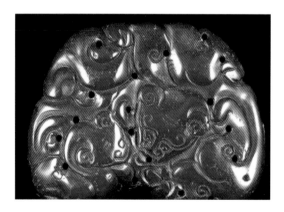

清代双螭虎蜜蜡崁件

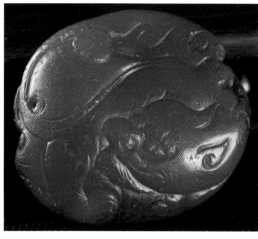

清代双面工螭龙蜜蜡雕件

螭龙题材最早出现在商代的青铜器上，历朝历代皆有不同。清代螭龙多是猫足，与明代的分爪螭龙有些区别。此物寥寥几笔，龙之神态传神生动，尤可见匠心之独运，品相完美，满满冰裂纹。

题材非常罕见，蜜蜡见龙已是非凡，双龙齐舞更是难得。遥想此物许为当年某位当朝重要人士寿辰之际，制作此块蜜蜡用于贺寿，意此人之尊贵身份，喻此人之洪福齐天。"双龙贺寿"此物为出土物件，皮壳钙化严重，但是图案依然清晰，品相依然完美。

明代双龙捧寿蜜蜡雕件

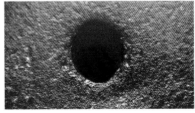

虎纹巨型老蜜蜡珠
这种半珀半蜜的老蜜蜡，看上去纹理特别生动，像天上流动的薄云气层，有若隐若现的感觉

仿辽代老蜜蜡雕件的背面与真正老蜜蜡风化表面（局部放大），两者的对比。
辽代老蜜蜡雕件仿制品。仿品的风化外表似用烧烤、熔解而成的，表面常有小凸点，塑料老雕件仿品也有类似小凸点

再造的破碎结构

清代老帽花改的坠子
表面光滑，风化纹明显，色泽是传世品相的橙红色，原来应该是黄白蜜蜡

167

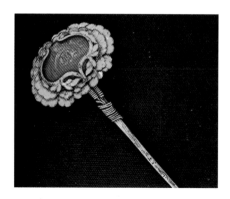

传世的老蜜蜡触手温润平滑，色泽一般都比较红，不然
就是橙红

风化纹开片极像钧窑特有的"蚯蚓走泥纹"

出土后已经被盘过一段时间的螭龙蜜蜡，与古玉一样可
被视为熟坑

氧化后的波罗的海金黄色蜜蜡，表面已经形成红橙色细腻
的风化纹和包浆，表面光滑，断口可见原来蜜蜡的颜色

宝相花（生坑）
明清出土的蜜蜡，皮壳带着土气，风化纹的情况也很多。出土的蜜蜡
颜色发黑或土黄、褐色，雕工多数都不太清晰，闻着有种泥土味

　　带雕工的老蜜蜡。看雕工也能辨别老蜜蜡的真伪。但具体的雕工必须综合了解历史，接触那时期的文化，学习各方面的知识。如明清时期老蜜蜡雕刻的神兽，和古玉一个道理，是不遵循解剖学的，否则不是年份浅，就是可疑的。

　　明清时期的老蜜蜡牡丹花，可惜边上被烧过，大概是一场大火的劫后余生。主体牡丹花依然十分美丽，雕工精细，刻工线条流畅，起刀收刀十分自如，如同行云流水。

　　老蜜蜡本身是波罗的海金色蜜蜡，表面已经形成红橙色细腻的风化纹和包浆，表面光滑。老蜜蜡带有明代晚期和清初的工艺特点，所以定为明清件。明清的老件很多时候是分不清的，许多老蜜蜡只能大概定为明清件。在明清时期的雕工中，这种老蜜蜡雕工中的弧线最具特色。一般看到的刻线都是一气呵成，宽窄适度，线条或宛转圆滑或刀锋犀利，但起收之间均干净有力，整体图案亦颇有神韵，现代的工艺很难模仿。

　　老蜜蜡的雕工有粗有细，虽然稀少，但不是老的做工就一定好。下图是比较常见的喜上眉梢的帽花，存世量较大，精品难求。

回收来的喜上眉梢，传世品，几近完美

老蜜蜡的皮壳也不总是红色的，也有暗红的例子。这个喜上眉梢表面光滑，暗红色。这大概和保存环境有关

还有一个品种是镶嵌件，也值得收藏。这样的老蜜蜡能看到原来工艺的面貌，但精工的不多

老蜜蜡的"金绞蜜"

最近在网上了解到，居然有为老蜜蜡扒皮的行当。

收货的把出土的蜜蜡表面斑驳的皮扒掉之后，再经过处理，会非常光滑油润，很有卖相。很多老的蜜蜡雕件经过扒皮这道工艺"变废为宝"。扒皮后的老蜜蜡到底好不好，这就见仁见智了。

这样的手艺也不是人人都会的。被扒皮的老蜜蜡雕件大多数是因为出土的时候快速失水造成的蜜蜡雕件表面出现了一层易碎的薄皮，外观上非常难看。即使不扒皮，那层薄皮也会破碎掉落。尽管是这个原因，但卖家也不会给予折扣。这件是被扒过皮的帽花，两边不一样。

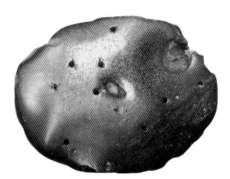

这张是有完整皮壳的牡丹花

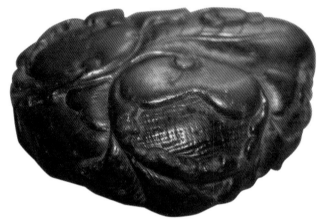

扒皮后经过盘玩的老蜜蜡

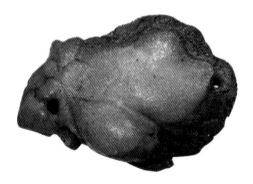

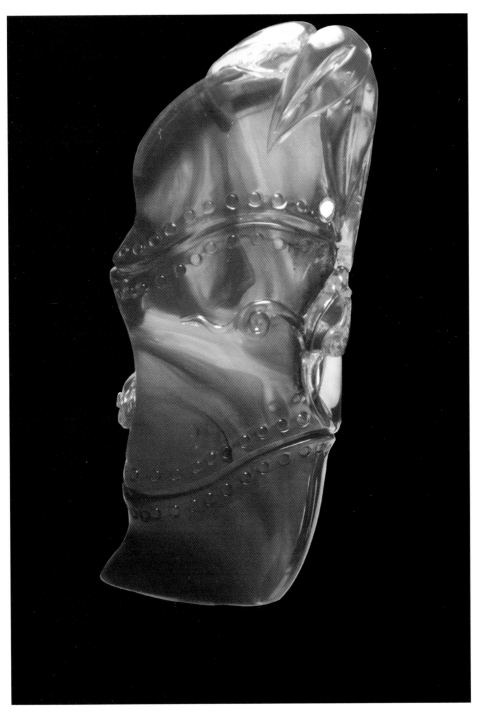

参考文献：

张蓓莉 . 系统宝石学 2 版 . 北京 : 地质出版社，2006

文玩天下 : www.htchi.com

华夏收藏网 : gmycollect.net

艺术粹网 : ariww.com

博宝宝珍商城 : maill.artxun.com

中华古玩网 : www.gucn.com

华石网 : www.uua.cn

中华石器网 : www.chnshiqi.com

上海文玩 : www.feiqu.com au999pt999.blog.163.com

中国宝石杂志　部分章节

摄影 : 张谦